网络空间国际治理关键挑战与应对

赵子鹏　徐欣　武运鹏　公晓燕　著

国防工业出版社
·北京·

内 容 简 介

网络威慑带来的安全威胁是网络空间国际治理需要关注解决的问题之一，是对网络空间国际治理进程的重大挑战。本书以美国及西方国家进攻性网络威慑战略为分析重点，评估网络威慑行径造成的破坏性影响，对其存在问题及根源进行批判性分析，并基于网络空间命运共同体理念，着眼通过共识与规范建立网络空间"良序"，提出网络安全的合作路径及需要统筹的新问题。本书可供网络安全治理的管理人员和研究人员参阅，亦可作为网络安全专业本科生的拓展读物。

图书在版编目（CIP）数据

网络空间国际治理关键挑战与应对 / 赵子鹏等著.
北京：国防工业出版社，2025. 7. -- ISBN 978 - 7 - 118 - 13870 - 2

Ⅰ. TN915. 08

中国国家版本馆 CIP 数据核字第 2025ZN5093 号

※

国防工業出版社出版发行

（北京市海淀区紫竹院南路 23 号　邮政编码 100048）

三河市天利华印刷装订有限公司印刷

新华书店经售

*

开本 710×1000　1/16　**印张** 12½　**字数** 150 千字

2025 年 7 月第 1 版第 1 次印刷　**印数** 1—1500 册　**定价** 80.00 元

国防书店：（010）88540777　书店传真：（010）88540776

发行业务：（010）88540717　发行传真：（010）88540762

前言

推动网络空间国际治理是构建网络空间命运共同体的关键举措，将网络安全纳入全球治理的视野和框架，已成为具有高度理论和实践意义的新兴课题。但是，网络空间治理是一个复杂的系统问题。随着网络空间与现实空间的深度融合，治理所包含或影响的领域日益多元化，安全治理的新挑战不断涌现，治理体系的相对滞后成为一种“新常态”。

在网络空间国际治理的诸多挑战中，关键性挑战是美国及西方国家奉行的“数字冷战”路线。作为“数字冷战”路线在对外政策领域的具体体现，某些国家网络威慑战略对网络空间国际治理的破坏作用尤其突出。中国始终坚持站在网络空间命运共同体的高度，统筹发达国家与发展中国家利益，共同推进网络空间国际治理，通过前瞻性和战略性的举措应对网络空间的诸多问题和挑战。

本书聚焦“数字冷战”路线对网络空间国际治理的持续挑战，着眼从源头管控网络冲突乃至战争风险，以美国及西方国家网络威慑战略为分析重点，评估网络威慑行径造成的不利影响，对其存在问题及根源进行批判性分析，并基于共同体路线提出有利于保持全球网络安全态势长期稳定的网络安全关系框架，为网络空间治理实践提供全面的分析视角与有效的分析方法，为我国应对美国及西方国家战略围堵、实施网络军控等战略互动提供参考。同时，着眼通过机制与规范在网络空间建立“良序”，运用博弈论模型、复杂性科学、国际关系理论认知分析等方法，探究基于漏洞管理的网络军控路径，前瞻智能时代网络空间国家关系需要统筹的新问题，凸显各国在共同的网络安全威胁下凝聚治理共识的必要性。

全书分为11章。第一章概述网络空间与网络安全问题的形成与演变，梳理部分代表性的网络安全事件，并分析技术手段作为网络安全屏障的局限性；第二章介绍网络安全如何超越国家治理升级为国际治理议题，以及先后经历的互联网治理、网络空间治理两个阶段，并简要回顾中国参与网络空间国际治理的具体实践；第三章梳理美国及西方国家在网络空间挑动的“大国竞争”，以及由此导致的“数字冷战”路线；第四章分析美国网络威慑的理论提出、战略演变及实践难题，剖析网络威慑面临挑战的深层次原因；第五章研究网络威慑如何成为网络空间国际治理的关键挑战，剖析追求绝对安全的网络威慑如何导致更大范围的不安全；第六章分析网络威慑对国家间冲突的激化作用，以及网络空间联盟威慑面临“结果不随意图而来”的系统效应挑战；第七章从网络空间依赖、网络武器特殊性、非国家行为体威胁等角度，分析网络空间国家关系超越传统威慑范式的必要性；第八章基于当前大国竞争加剧、地区冲突延宕的总体态势，分析全球网络安全态势的可能走向；第九章针对各国共同面临的网络犯罪、网络恐怖活动等泛在安全威胁，提出网络空间国际治理的必要共识；第十章探讨基于漏洞管理的国际合作总体构想，以及可能的网络军控实践路径；第十一章前瞻智能时代的网络空间国家关系需要统筹的新问题。

由于时间仓促加之水平有限，不妥之处在所难免，恳请专家和广大读者批评指正。

作　者

2025年4月

目录

第一章

互联网、网络空间与网络安全

当今世界，以互联网为代表的信息技术日新月异，对人类社会的发展进程产生深刻影响。互联网让世界变成“地球村”，网络空间成为与陆地、海洋、天空、太空同等重要的人类活动新领域。然而，随着互联网在技术上从通信网络到信息网络再到计算网络的演进，网络安全问题也相伴而生。网络空间不仅成为国家发展和繁荣的重要驱动力，也带来了网络犯罪、网络恐怖主义等日益复杂的安全威胁和挑战。互联网先驱伦纳德·克兰罗克回忆：“我们在创造互联网时的想法是：开放、自由、创新和共享，因此没有对使用施加任何限制，也没有采取任何保护措施；然而，我们当时并没有预料到，互联网的黑暗面会如此猛烈地涌现出来。”世界范围内侵害个人隐私、侵犯知识产权、网络犯罪等非法活动时有发生，网络监听、网络攻击、网络恐怖主义等非法活动成为全球公害。网络安全与政治安全、经济安全、文化安全、社会安全、军事安全等领域相互交融、相互影响，已成为世界各国面临的最复杂、最现实、最严峻的安全问题之一。

第一节　从互联网到网络空间

互联网是网络空间的基础。互联网起源于美国政府冷战时期的一个名为“阿帕网”（ARPA Net）的军事项目。“阿帕网”的关键创新是“分布式网络”设计，使网络“去中心化”，因而能有效避免由于信息枢纽遭到破坏而导致的整体崩溃。按照分布式网络的架构，节点之间相互连接，可以通过“分拆打包”的方式选择多条路径进行数据传输，这就是互联网广泛使用的“包交换”工作原理。在两位计算机科学家温顿·瑟夫和鲍勃·卡恩开发出 TCP/IP 协议后，“阿帕网”将其确定为唯一的通用协议，使真正的互联网得以诞生。TCP/IP 协议结构如图 1-1 所示。

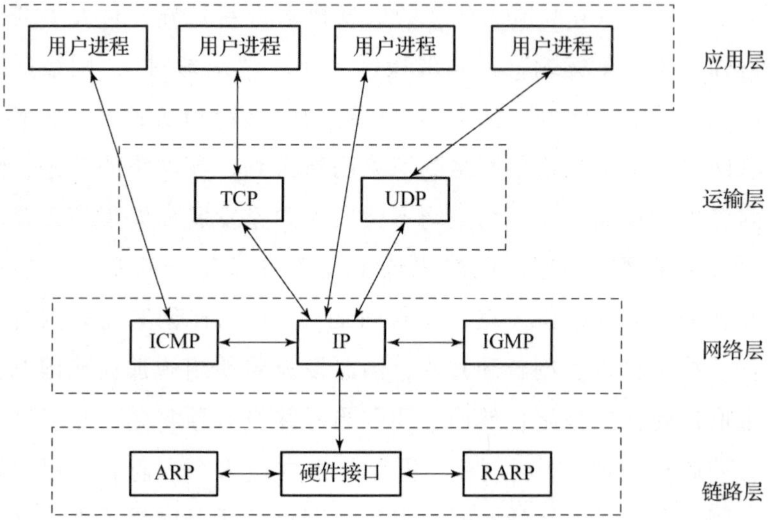

图 1-1　TCP/IP 协议结构图

随着 TCP/IP 协议的创立和万维网（WWW）的发明，互联网开始了社会化应用的迅速普及。直到今天，TCP/IP 协议仍是支撑互联网的核心框架，它定义了电子设备如何连入互联网，以及数据如何在它们之间传输。1993 年，美国克林顿政府提出“信息高速公路”计划，在国内全面开展信息化建设，并将互联网向全世界推广，当前广为人知的网络空间开始建立。1995 年通常被视为“互联网商业化元年”，商业互联网规模迎来爆炸式增长。进入 21 世纪，随着网络信息技术的飞速发展，各国加快信息化建设步伐，网络快速应用到各领域各行业，网络空间规模不断扩大。随着移动互联网、物联网、无线网络、人工智能等新一代网络信息技术的快速发展，互联网的“泛在”发展成为可能，人人互联、人物互联、万物互联的时代已经到来。

虽然互联网经常与网络空间相提并论，但是二者的含义却有着明显的不同。一般来说，互联网分为三个层面：一是基础设施层，包括海底光缆、服务器、个人电脑、移动设备等互联网硬件设施；二是由域名、IP 地址等唯一识别符所构成的逻辑层；三是各种网站、服务、应用、数据以及互联网用户构成的用户层。“网络空间（Cyberspace）”是由“控制论（Cybernetics）”和“空间（Space）”两个英语单词组合而成，直译就是“对空间的控制”，最先由加拿大科幻作家威廉·吉布森于 1982 年创造提出。与“全球互联”的互联网概念相比，“网络空间”是一个更加多元、立体的概念，具有社会属性，涵盖人类基于互联网的各种政治、经济和社会活动所形成的全方位、多维度空间。

1. 网络空间基本概念

1982 年，加拿大小说家威廉·吉布森出版《整垮克罗米》（*Burning Chrome*，见图 1－2），首次将 Cyber 与 Space 两个单词组合起来。威廉·吉布森随后将 Cyberspace 用于 1984 年出版的小说《神经漫游者》（*Neuromancer*，见图 1－3）。它描述了一个巨大的空间 Cyberspace，主人公无须乘坐飞船或火箭，只需在大脑神经中植入控制板并接通电极，便可在该空间自由穿梭。自此，Cyberspace 作为一个科幻概念风靡一时，随后被美国人借用，专门指代由互联互通网络构成、实体与虚拟空间紧密交织、人类生产生活日益倚重的“第二类”活动空间。

图 1 – 2 《整垮克罗米》将 Cyber 与 Space 组合使用

需要说明的是，Cyber 和 Network 都可翻译为“网络”，但 Network 的含义侧重于网络基础设施。为避免混淆，有时也将 Cyber 同 Cyberspace 一样翻译为“网络空间”。威廉·吉布森对 Cyberspace 的定义是“各个国家数十亿的合法操作者每天都要经历的同感幻觉……是对人类系统中无数计算机中传输的抽象概念的直观反映，具有不可思议的复杂性。它是在思维、簇和数据集中的非空间中游走的光线，就像城市里的光线，不断消退。”这样一个定义过于虚幻，很难应用于现实生活中，更不可能作为学术研究基础。虽然美国学术界很快接受了“网络空间”这一术语，但其创造者所提供的原始定义却被完全抛弃了。20 世纪 90 年代以来，许多美国学者对“网络空间”一词给出了自己的定义。具有代表性的定义具体如下。

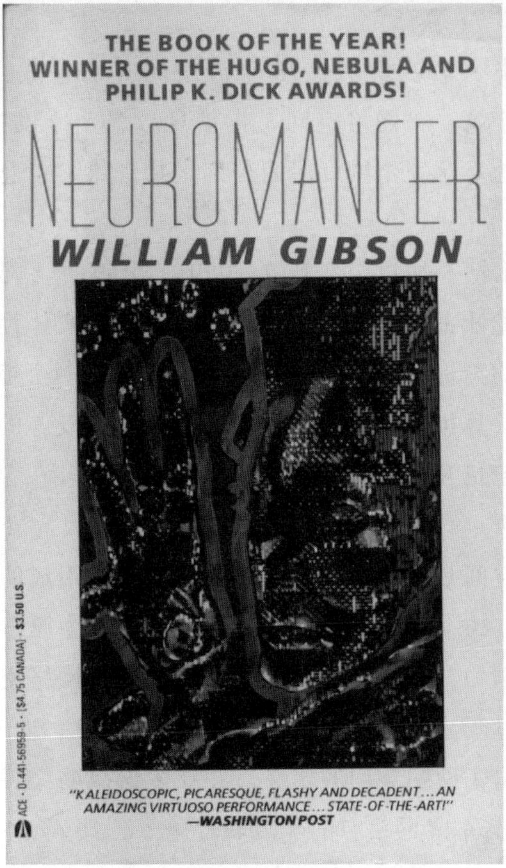

图 1－3　《神经漫游者》描述了风靡一时的科幻概念 Cyberspace

一是温·施沃图在 1994 年出版的《信息战：电子高速公路上的混乱》一书中给出的定义："在信息从全球网络的一端向另一端传递时，其所经由的计算机之间的无形空间……以光速从铜线或玻璃光缆上传输的无限电子通信"，"网络空间是没有边界的，但全世界网络空间可以划分为数百个区域性网络空间和数百万个更小的网络空间"。1996 年，温·施沃图出版了该著作的修订版，进一步完善了这一定义，指出"国家网络空间是显而易见的实体，有着界定清晰的电子边界……小网络空间包括人员、企业或机构……大网络空间是国家信息基础设施”。

二是爱德华·华尔兹在1998年出版的《信息战：原则与行动》一书中给出的定义：“网络空间是指信息战三个维度中的中间一层，即信息基础设施。这三个维度层面分别是物理维、信息基础设施维和感知维。”

三是小沃尔特·加里·夏普在1999年出版的《网络空间与武力使用》一书中给出的定义：“网络空间不是一个实体性的空间，不能用任何实体性的指标和时空连续性来衡量。它是一个缩略语，用来指代由协作性的计算机网络、信息系统和电信基础设施的相互影响所创建的环境，一般指互联网和万维网。”

四是多萝西·丹宁在1999年出版的《信息战与安全》一书中的定义，即网络空间是“由所有计算机网络的总和组成的信息空间”。

由此可见，20世纪90年代以来，美国学者为厘清网络空间的范畴投入了极大精力，但是这一时期的学者通常将网络空间定义为一种数据的运动，过于注重其电磁属性，即物理特性。进入21世纪，美国军事机构给出了网络空间的定义，并在多份战略文件中进行了清晰表述。2013版美军《网络空间作战联合条令》明确：“联合作战的许多方面都依赖于网络空间——信息环境中的一个全球域，是由信息技术基础设施和驻留其中的数据构成的相互依存的网络，包括互联网、电信网、计算机系统、嵌入式处理器和控制器。网络空间的发展为美军、其盟友及伙伴国提供了一个在作战环境中获得和保持持续性战略优势的工具。”2018年，美军参谋长联席会议对《网络空间作战联合条令》进行了修订，不仅将美军网络空间司令部升格为联合作战司令部，而且新增了对“信息”这个联合职能的论述。相关表述发展历程如表1-1所列。

表 1－1　美军网络空间定义发展历程

时间/年	来源	网络空间定义	说明
2001	《美军军事和相关术语词典》	数字化信息在计算机网络交换的假想环境	美国军方文件首次提及网络空间
2006	参谋长联席会议《网络空间国家军事战略》	利用电子学和电磁频谱，经由网络化系统和相关物理基础设施进行数据存储、处理和交换的域	美军对网络空间给出官方定义
2008	参谋长联席会议致国防部行动备忘录，第 54 号国家安全总统令/第 23 号国土安全总统令	信息环境中由相互依赖的信息技术基础设施网络构成的全球域，包括互联网、电信网、计算机系统、嵌入式处理器和控制器	该定义从抽象的物理性质对网络空间进行概括
2010	参谋长联席会议备忘录	根据使用电子和电磁频谱，并通过网络化系统和关联的物理基础设施来存储、修改、交换数据这一特性所刻画的域	该定义关注到了网络空间中的数据
2013	参谋长联席会议《网络空间作战联合条令》	既是信息环境中的一个全球域，也是五个相互依存的领域之一，其余为空中、陆地、海洋和太空等物理域	该定义考虑了联合作战中的网络空间

从表 1－1 可以看出，学界对网络空间外延的认识不断拓展，从一个“假想环境”扩展到涉及陆、海、空、天的“信息环境中的一个全球域”，从一个“计算机网络”扩展到各种“信息技术基础设施网络”，从互联网和计算机系统延伸到电信网、处理器、控制器乃至正在兴起的物联网，内容更为丰富；而“相互依赖”则揭示了网络空间

的本质内涵，即网络空间是由各种类型且互联互通的网络组成。其他较为常用的定义还包括国际电信联盟给出的定义，即网络空间是“由以下所有或部分要素创建或组成的物理或非物理的领域，这些要素包括计算机、计算机系统、网络及其软件支持、计算机数据、内容数据、流量数据及用户”。

2. 网络空间主要构成

从物理特性上看，网络空间由硬件、软件和数据组成。与陆、海、空等传统空间相比，这三大要素是网络空间所独有的，也是网络空间的基本构成。网络空间是以网络基础设施为支撑，以软件为平台，以数字信息为流通的人造社会活动空间。

从具体应用上看，网络空间主要包括公共互联网、国家关键基础设施网和军事信息网。其中，公共互联网是完全开放的网络，与国际互联网融为一体；国家关键基础设施网是有安全设置的半开放网络；军事信息网是完全封闭的内网，与国际互联网进行物理隔离。图 1－4 显示了国家关键基础设施网涉及的部分领域及行业。

图 1－4　国家关键基础设施网涉及的部分领域及行业

由于采用相同的底层传输协议以及相似的软件、硬件，其运行都是基于数字化的信息传递，无论是开放网络还是封闭网络，工作原理都是类似的。也就是说，破坏这些网络的技术原理也是相通的。

3. 网络空间特殊属性

与陆地、海洋、天空、太空等空间相比，网络空间具有两大特殊属性。一是联通性。无论这个网延伸到哪里，它都遵守同一个规范，即 TCP/IP 协议。通过这个协议，网络节点可以突破地理距离的限制，建立广泛的连接。这种连接具有良好的弹性，即使某个链路断掉，仍可以通过其他节点实现互联。二是数字化。所有信息都可转化成二进制的 0 或 1，进行的能量交换是电磁能。因此网络空间里的信息交换非常快速，随着芯片处理速度不断提升，基本上可以理解为接近光速的信息交换。

当前，网络空间与实体世界的融合不断深入，政治、经济、军事、外交、文化等领域对网络空间的依赖程度不断加深。网络治理、网络空间作战、网络外交、网络文明等新名词、新说法不断涌现，迫切需要将网络安全纳入全球治理的视野，推动网络空间国际治理体系的构建。

第二节　没有网络安全就没有国家安全

2015 年 7 月 1 日《中华人民共和国国家安全法》颁布实施（图 1－5），专门设置了有关网络与信息安全的内容，规定“国家建设网络与信息安全保障体系，提升网络与信息安全保护能力，加强网络和信息技术的创新研究和开发应用，实现网络和信息核心技术、关键基础设施和重要领域信息系统及数据的安全可控；加强网络管理，防范、制止和依法惩治网络攻击、网络入侵、网络窃密、散布违法有害信息等网络违法犯罪行为，维护国家网络空间主权、安全和发展利益。”

图 1－5 《中华人民共和国国家安全法》于 2015 年 7 月 1 日颁布实施

1. 网络安全基本概念

2016 年 12 月 27 日，《国家网络空间安全战略》发布实施（图 1－6）。根据该战略，“网络空间安全”可简称为“网络安全”。

网络安全对国家安全牵一发而动全身，深刻影响着政治、经济、文化、社会、生态、军事等各领域的安全，基础性、全局性日益凸显。网络安全至少包含两个方面内容。

一是确保网络和信息资产安全。主要表现在以下几个层面。①物理层可靠，主要是指构建信息网络的软硬件应真实可靠，软硬件中的脆弱性能及时发现和修补，信息网络即便受到攻击，也能够迅速恢复，保持正常运行。该层安全威胁参照 2001 年“9·11”事件，纽约

图 1－6 《国家网络空间安全战略》于 2016 年 12 月 27 日发布实施

世贸中心附近电信大楼的程控交换机被损坏，导致 30 万条电话线和 360 万条数字电路中断，造成纽约证券市场等大批金融机构业务瘫痪。②信息层可信，主要是指信息网络所传输、承载的信息和数据不被泄露、窃取和篡改，接收方信息确保真实、准确、完整和不可否认。该层安全威胁参照 2011 年，伊朗诱捕美军 RQ－170 “哨兵” 隐身无人机，就是通过干扰无人机测控链路，迫使其进入自动驾驶状态，之后再发送 GPS 欺骗信号，让其“自动着陆在我们希望它降落的地点”。③社会层可控，主要是指人们的信息活动能被有效控制，不对人们的思想认知产生负面影响，不威胁一个国家的主权安全和社会稳定。该层安全威胁参照 2016 年美国大选期间，俄罗斯黑客攻击民主党邮件服务器，曝光民主党竞选“黑幕”，引导美国民众心理，对希拉里选情造成重大冲击。

二是有效应对网络空间的安全威胁。主要表现在，能够有效监测、发现、预警、响应和反制网络威胁行为，特别是要能够抵御针对国家关键信息基础设施的有组织、大规模、高强度的网络攻击，实施网络空间追踪溯源，有力捍卫网络空间国家主权、安全和发展利益。

2. 网络安全发展演变

随着网络空间的不断拓展，网络安全问题同样经历了持续演变过程。网络安全问题随着网络空间的发展与运用不断凸显，大致可分为四个阶段。

1）技术性失误："莫里斯蠕虫"暴露网络安全隐患

"莫里斯蠕虫"是通过互联网传播的第一种蠕虫病毒，导致网络安全第一次受到主流媒体的强烈关注。该蠕虫由康奈尔大学学生罗伯特·泰潘·莫里斯编写，于1988年11月2日从麻省理工学院释放到互联网上。按照莫里斯的说法，编写"莫里斯蠕虫"的本意不是破坏网络，而是测量互联网的规模。这个程序只有99行，首先利用Unix系统的技术漏洞，采用Finger命令查找联机用户名单，然后破译用户口令，用邮件系统复制、传播本身的源程序，最后编译生成代码。网络蠕虫设计的最初目的是：当网络空闲时，程序就在计算机间"游荡"而不带来任何损害；当有机器负荷过重时，该程序可以从空闲计算机"借取资源"而达到网络的负载平衡。但是，"莫里斯蠕虫"不是"借取资源"，而是"耗尽所有资源"。"莫里斯蠕虫"源代码现存放于波士顿科学博物馆如图1－7所示。

"莫里斯蠕虫"攻击是美国依据1986年《计算机欺诈及滥用法案》定罪的第一宗案件。"莫里斯蠕虫"感染了大约6000台Unix计算机，由此造成的经济损失为1000万美元。当警方侦破这一案件并认定莫里斯是闯下弥天大祸的"作者"时，纽约州法庭却迟迟难以对他定罪。在当时，如何对制造电脑病毒这类行为定罪还是一个世界性的难题。莫里斯受到审判，并被定罪违犯了1986年《计算机欺诈及滥用法案》，最终被判3年缓刑、400小时社区服务及10000美元罚金。

图 1 - 7　波士顿科学博物馆存放的“莫里斯蠕虫”源代码

2）数字化犯罪：网络空间提供了非法逐利的全新平台

来自俄罗斯的天才黑客范德米尔·列文是历史上第一个入侵银行电脑系统的黑客。1995 年，他侵入美国花旗银行盗走一千万美元，并把账户里的钱转移至美国、芬兰、荷兰、德国、爱尔兰等国家的个人账户。从此，网络空间持续受到来自各类黑客组织或个人的安全威胁，其行为特点是以获取经济利益为目标，通过计算机病毒、木马程序、僵尸网络等窃取信息或实施勒索。世界主要国家均将这些数字化犯罪列入违法犯罪行为并实施打击。

如今，网络犯罪已经成为一项庞大的业务。世界经济论坛（World Economic Forum，WEF）在《2020 年全球风险报告》中指出，网络犯罪是未来十年全球第二大引人注目的风险以及全球影响排第八位的风险。网络犯罪成为一个日益受到关注的问题，与实施抢劫银行等传统犯罪相比，网络犯罪的风险更低。世界经济论坛表示，在美国逮捕网络犯罪分子并在法院审判的概率甚至低于 0.05%。图 1 - 8 显示了“净网 2019”行动打击网络犯罪情况。

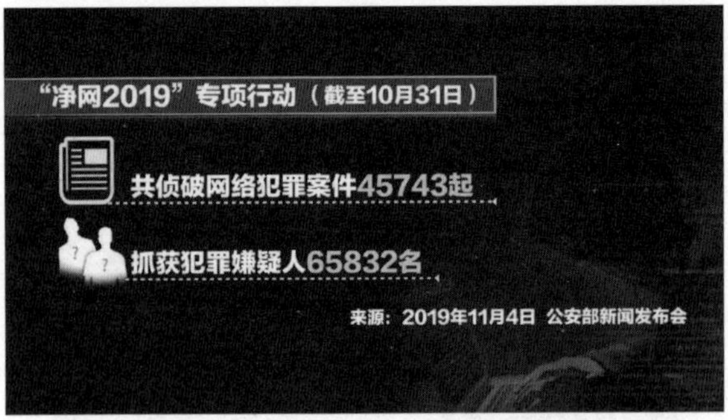

图 1－8 "净网 2019"打击网络犯罪情况

3）军事化应用：对网络空间的有意攻击成为现实威胁

"果园行动"使网络空间的军事价值受到广泛关注。2007 年 9 月 6 日凌晨，以色列使用 F－15 战机，在电子战飞机、预警机和地面特种部队的配合下，突破叙利亚较为先进的防空体系，成功摧毁了隐藏在沙漠深处的核工厂，安全返航。"果园行动"中，以色列用于对地攻击的 F－15 在信息化时代已算不上先进。之所以取得成功，除了巧妙运用各种战术欺骗手段外，技术突然性发挥了重大作用。叙利亚核工厂虽然建在人迹罕至的沙漠深处，安全工作却并未疏忽，尤其是拥有庞大的防空体系，从国外引进的"道尔"防空导弹系统更是具有垂直发射和同时攻击多个目标的强大功能，抗干扰能力和识别能力也很突出。如此戒备森严的叙军竟然被以军打了个措手不及，主要原因是以军使用了"舒特"机载网络攻击系统。图 1－9 显示了以色列实施"果园行动"的进攻路线。

"舒特"系统是一种绝密的网络信息战武器，利用网络病毒入侵敌方通信系统、雷达站和计算机，尤其是与地面防空有关的系统。与主动强电磁干扰手段不同，借助"舒特"系统，无须摧毁对方的通信系统和雷达，便能渗透目标网络。有军事专家分析认为，空袭发起前，以色列通过"舒特"系统，成功侵入并"全面接管"了叙利亚防空网，使叙利亚整个防空体系处于失效状态。以 F－15 战斗机为主

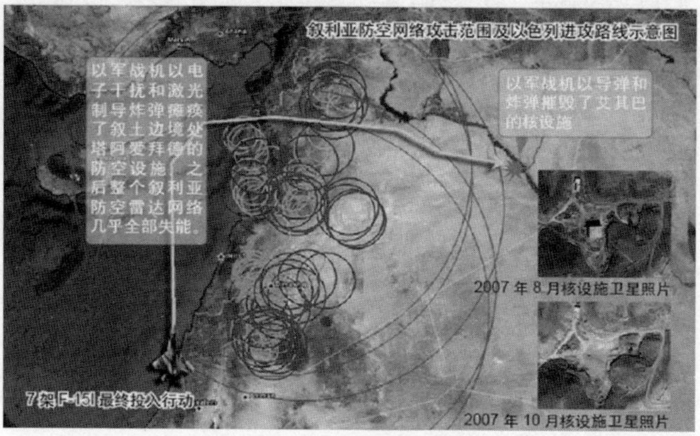

图1－9　“果园行动”示意图

力的空袭编队因为有电子战飞机和预警机的支援，并首次使用神秘的机载网络攻击系统，技术和战术有机融合，战斗力空前提升，对叙利亚防空体系取得压倒性优势，使得隐蔽突袭得手。当前，“舒特”系统已经部署在美国及美军联合作战司令部，并搭载于多种机型。图1－10中的RC－135V侦察机是美军搭载“舒特”系统的众多机型之一。

图1－10　搭载“舒特”系统的美军RC－135V侦察机

随着网络的高速扩展，直接关系国计民生和国家安全的关键基础设施，包括国防、电信、电力、天然气与石油储运、银行与金融、交通与供水以及消防、医疗服务系统等，都已经实现联网。网络正加速融入人类社会各个领域，网络应用的深度和广度不断增大，使其越来越成为社会生活的基础和国家的战略资源。一些个人、团体甚至国家试图通过网络行动，达成某种目标。这些针对网络的有意攻击已经成为一种现实威胁，网络攻防对抗已经是网络空间的一种常态。

4）技术双刃剑：技术迭代发展带来新的网络安全挑战

技术进步是维护网络安全的重要保障，同时也必须看到，新技术发展相应带来了新的安全挑战。

（1）人工智能。人工智能技术的快速发展，深刻改变着网络攻防手段，自动化、智能化的漏洞发现和攻防系统呈现井喷趋势。未来，在网络空间的搏杀主力将不再是人，而是“机器战士”。2016 年，美国国防部高级研究计划局（Defense Advanced Research Projects Agency，DARPA）首次举办全球性网络超级挑战赛，参赛团队要开发全自动化的网络攻防系统，实现无人干预条件下的漏洞自动发现、确认和修复。由卡耐基梅隆大学 ForAllSecure 团队研发的 Mayhem 系统最终夺冠，该系统随后参加了第 24 届 DEFCON 极客大会“网络夺旗”（Capture the Flag，CTF）比赛决赛，与 14 支人类队伍一决高下，并一度战胜两支人类队伍。

（2）物联网。据统计，2020 年全球物联网设备数量达到百亿量级。与人们日常生活密切相关的家电、汽车、可穿戴设备、医疗设备广泛联网，这些设备既是网络攻击的重要目标，又容易被恶意控制和利用，成为发起网络攻击的“僵尸大军”。维基解密披露美国中央情报局（Central Intelligence Agency，CIA）开发了针对三星 F 系列智能电视的植入工具“哭泣天使”，允许 CIA 将三星 F 系列智能电视置于“假关机”状态，从电视内置麦克风录制音频，通过 WiFi 等渠道将数据传回 CIA。2016 年 10 月 21 日，美国 DNS 服务提供商 Dyn 公司遭大规模的分布式拒绝服务（Distributed Denial of Service，DDoS）攻击，导致美国数十个主要网站无法访问，大半个美国陷入“断网”状态。据分析，此次攻击是通过177个国家受恶意代码感染的100万个以上网络摄像头等物联网设备发起的。图1－11显示了物联网带来的不断扩大的网络攻击面。

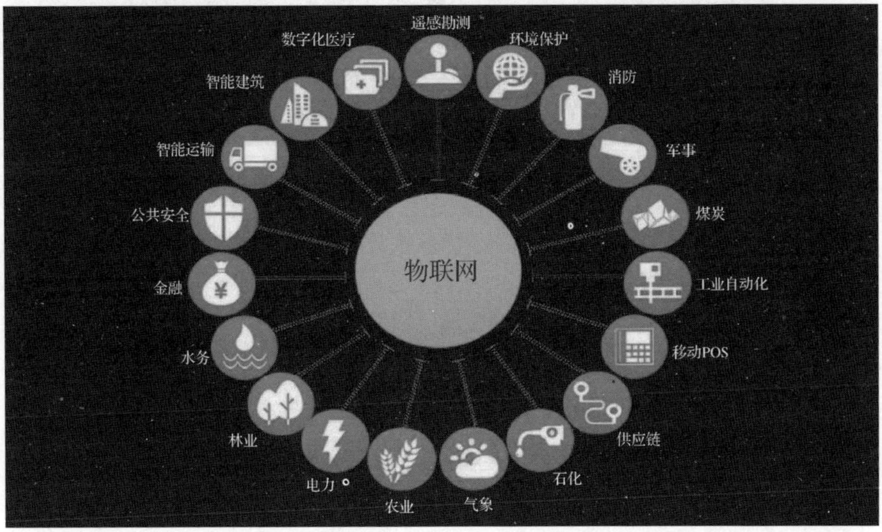

图1－11　物联网带来不断扩大的网络攻击面

（3）“暗网”。“暗网（Deep Web）”又称深网、不可见网、隐藏网，是公开互联网背后的另一张“地下网”。“暗网”中的网站通过传统手段无法访问或发现，只有通过动态请求才能访问，或由“洋葱路由”（The Onion Router，Tor）等特定的搜索引擎才可以找到。由于其隐蔽性，“暗网”已成为各国黑客寻觅与交易攻击资源的“宝库”，毒品、枪械等恶性犯罪的重要交易渠道，以及恐怖组织进行通联、招募的避风港。不少非法活动都在“暗网”中进行，如暴力恐怖策划、非法资金募集、毒品交易、人口贩卖、代码交易等。图1－12显示在“暗网”出售的爆炸品和毒品。

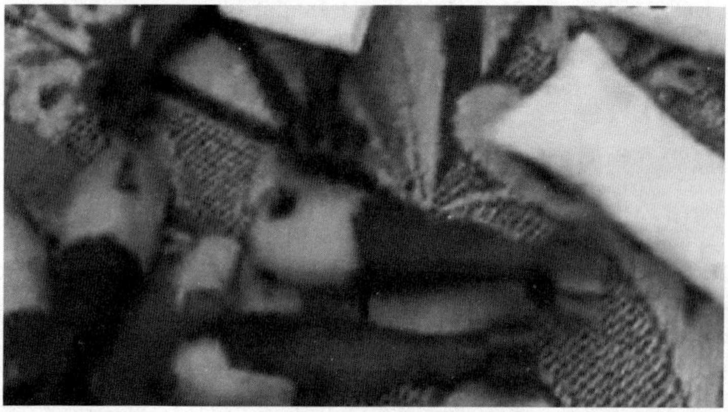

图 1－12 “暗网”提供爆炸品、毒品等地下交易渠道

3. 网络安全的全局性

当信息技术逐渐深入国家政治、经济和社会生活的方方面面，网络空间开始与现实空间深度融合。网络已经像空气和水一样，成为人类生活不可或缺的一个要素，网络空间将成为人类社会的“第二类”活动空间，对整个经济社会发展的融合、渗透、驱动作用日益明显。以互联网为代表的网络信息技术日益成为创新驱动发展的先导力量，加速了劳动力、资本、土地、能源、信息等要素的流动和共享，推动社会生产力实现新的质的飞跃，在更广范围、更高层次、更深程度全面提升人类认识世界、改造世界的能力。世界银行研究认为，宽带普及率每提升 10%，带动 GDP 增长 1.38%。当前，人类的衣食住行离不开网络空间，国家治理、社会运行、军队建设、大国博弈等也都离不开网络空间。

2024 年是我国全功能接入国际互联网 30 周年。2025 年 1 月 17 日，中国互联网络信息中心（China Internet Network Information Center，CNNIC）在京发布第 55 次《中国互联网络发展状况统计报告》。报告指出，30 年间，我国互联网实现了从无到有、从小到大、从大到强的跨越式发展，建成了全球规模最大、技术领先的互联网基础设施。如图1－13所示，截至2024年12月，我国域名总数为3302万个。其中，国家顶级域名“. CN”数量为2082万个；IPv6地址数量为69148块/32，同比增长1. 6%。在此基础上，我国构建起全球最大的网络零售市场和网民群体，网民规模从1997年的62万人增长至2024年的11. 08亿人，互联网普及率升至78. 6%。互联网已成为推动高质量发展，以中国式现代化实现中华民族伟大复兴的强大助力。

分　类	单　位	2024年12月
IPv4	个	392386560
IPv6	块/32	69148
IPv6活跃用户数	亿	8.22
域名	个	33019905
“.CN”域名	个	20823037
互联网宽带接入端口	亿个	11.99

图1－13　2024年我国互联网基础资源发展状况

从政治安全来看，网络空间已经成为意识形态斗争的主战场，事关国家政权安全和社会稳定。美国及西方国家将网络信息技术作为发动“颜色革命”，干涉他国内政和自由，挑战主权国家基本权利的经济高效途径。

从经济安全来看，网络空间已经成为支撑国家经济社会运行的命脉，直接影响经济社会发展进步。电子商务的蓬勃发展，彻底改变了人们的消费观念与习惯，深远影响了商品生产的设计、制造、流通等各个环节。针对电子支付的木马病毒以信息窃取、信息勒索、信息诈骗为主要目的，网络金融诈骗案件层出不穷。针对银行、证券交易等金融信息系统的网络攻击不断增多，严重扰乱金融秩序，威胁金融安全。

从社会安全来看，网络空间已经成为人类社会交往的重要平台，人类生活对网络依赖程度加深。社会矛盾问题容易通过网络社交媒体加倍放大、加速传播，对社会稳定造成冲击。网络犯罪呈现出“手段智能化、范围广域化、犯罪隐蔽化、类型多样化、成本低廉化、动机特殊化、主体低龄化、危害严重化、处置复杂化”等显著特点，有些甚至已经威胁到公民人身安全。

从军事安全来看，网络空间事关国家的军事命脉。一方面，网络空间是支撑现代军事体系、作战体系的重要基础。通过网络空间，军队各作战单元和作战要素的信息平台紧密联通在一起，使得在部队规模不变、武器平台不增的情况下，实现整体作战效能“倍增”。另一方面，网络空间开辟了新的独立作战空间，渗透、影响甚至决定其他作战空间。

总之，网络空间正在改变人类的生产生活方式，深刻影响人类社会历史发展进程，已经成为国际竞争新领域、国家安全新疆域、经济社会发展新引擎、军事斗争新战场。

第三节　网络安全典型事件

网络空间已经渗透融入人类生产生活的方方面面，因此有人形象地比喻：“网络空间既像城市广场，可以辩论政治，发表演说；又像商业大街，可以逛街购物、消遣娱乐；也像阴暗小巷，滋生罪恶，潜伏危机；还像秘密地道，间谍钻地遁形、窃取情报；更像隐形战场，充满攻防对垒、生死搏杀。”21 世纪以来，网络攻击事件愈演愈烈，借助高危漏洞、黑客入侵、病毒木马等工具进行的恶意网络攻击事件频发，智能化、自动化、武器化的网络攻击手段层出不穷，网络攻击正在逐步由传统的单兵作战、单点突破向有组织的网络犯罪和国家级网络攻击模式演变，电力、能源、金融、工业等关键基础设施成为网络攻击的重灾区。网络安全问题的一再出现，加速网络安全成为国家安全重大议题。

1. “9·11”事件期间纽约电话通信大规模断网

2001年“9·11”事件期间，纽约世贸中心旁边电信大楼的程控交换机被损坏，导致30万条电话线和360万条数字电路中断，造成纽约证券市场等大批金融机构业务瘫痪。图1-14显示了一类常用的程控交换机系统。“9·11”事件的连带后果之一，是网络安全迅速成为美国国内的重要政治议题之一。

美国是互联网技术最为先进的国家，也是最早关注网络安全威胁的国家。美国政界及学界习惯于使用生物医学或军事方面的术语来描述网络安全问题。例如，“病毒”“蠕虫”“僵尸”“网络大规模杀伤性武器”“网络‘珍珠港’”“网络‘9·11’”。

图1-14　程控交换机系统

2. 伊朗核设施遭“震网（Stuxnet）”病毒攻击

2009 年至 2010 年，“震网”病毒持续隐秘攻击伊朗纳坦兹铀浓缩基地，分别进行“离心机超压攻击”和“转子超速攻击”，造成五分之一的离心机损坏，使伊朗核进程至少延后 2 年。“震网”病毒是世界上首个专门针对工业控制系统编写的破坏性病毒。“震网”病毒事件是通过网络攻击独立达成损毁核设施战略性目标的里程碑事件，直接影响到一个地区强国的军事安全，提升了国际社会对网络安全议题的关注程度。相关情报显示，“震网”病毒是一个国家工程，其研制需要大量资源，包括构建一套高仿的 IR－1 型全套系统、使用真正的六氟化铀；攻击技术复杂，利用了 Windows 系统和西门子 SIMATIC WinCC 系统的 7 个漏洞；攻击过程隐秘，超过 50% 的工作用来开发隐藏攻击行为；攻击效果强悍，充分体现了通过网络空间实施物理攻击的强悍作战能力和威慑效果。图 1－15 显示了“震网”病毒通过摆渡攻击进入伊朗核设施的过程。

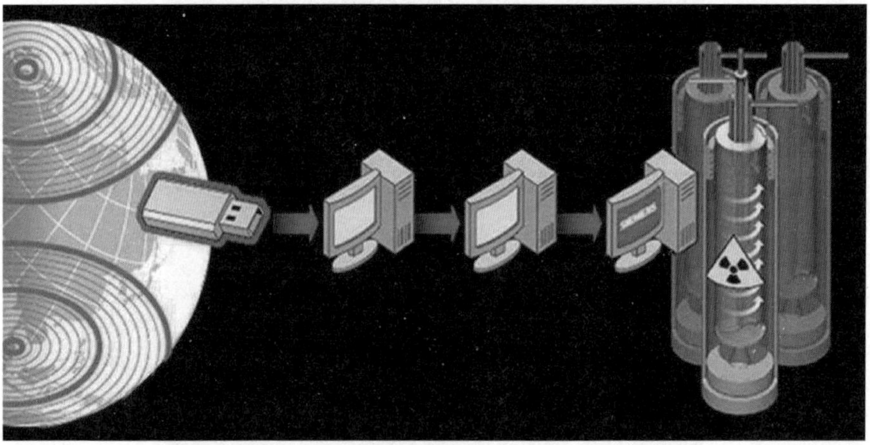

图 1－15 “震网”病毒通过摆渡攻击进入伊朗核设施

3. 美国中央情报局前雇员斯诺登持续披露“棱镜”等监控行动

2013 年以来，美国中央情报局前雇员斯诺登持续披露“棱镜”计划等系列监控行动，曝光美国国家安全局在密码破译、大数据处理以及情报获取等方面超强的网络掌控能力。“棱镜”监控对象包括服务于战略决策层面、网络空间支援行动、金融贸易领域三个类别的情报目标。例如，“Rampart – T”行动主要监控中俄等 20 个国家领导人；“影动”项目负责获取阿富汗电话运营商通信与地理位置数据；“飞天猪”“暇步士”瞄准航空及金融机构。美国国家安全局利用通信线路搭线窃听、匿名网络访问控制与身份识别、典型互联网应用服务监听等三大手段，能够对不同媒介线路实施监测、窃听和数据搜集，确认“洋葱路由”用户身份并实施监控与攻击，通过公共网络服务监控私人信息。

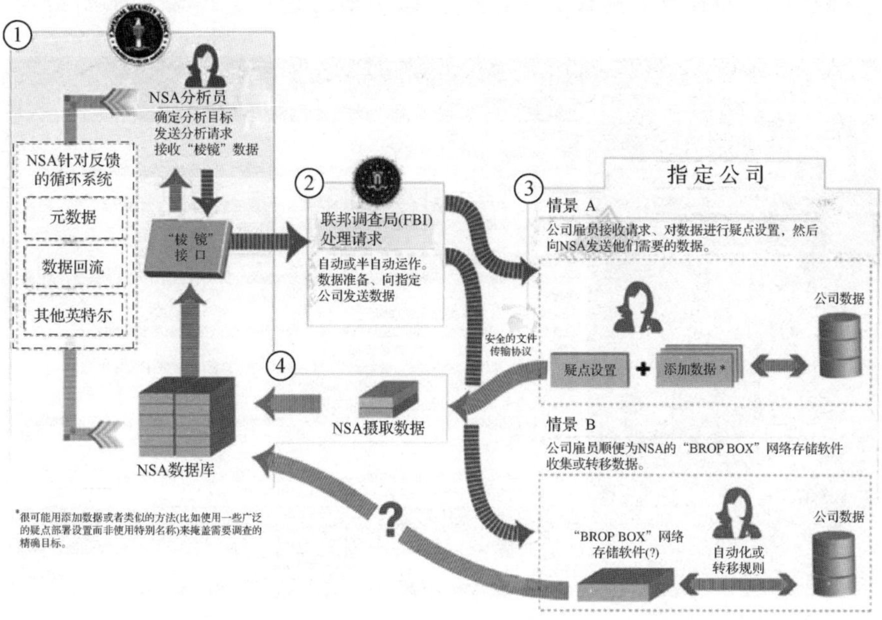

图 1 – 16　斯诺登披露的“棱镜”计划部分运行流程

美国国家安全局通过实施系列监控行动，一方面达到了监控行动本身预设的目标或获取了所需的数据，满足了监控行动实施者或数据索取者的要求；另一方面，监控行动还取得了大量有价值目标的数据，如不断丰富的反恐数据库、金融数据库、电话监控名单数据库以及互联网元数据库等。图 1－16 显示了斯诺登披露的“棱镜”计划部分运行流程。“斯诺登事件”之后，国际互联网治理进程进入了一个分化重组的调整期，新的治理平台不断涌现，原有的治理机构面临着变革的需求，既出现了一些值得关注的新动向，也面临诸多的挑战和困境。

4. WannaCry 和 Petya 勒索软件全球肆虐

2017 年 5 月至 7 月，名为 WannaCry 和 Petya 的两款勒索软件在不同国家和地区先后爆发。相比此前较传统的勒索软件攻击事件，这两款软件在技术和构成上具有了显著的进步/升级，达到了武器级的水准。

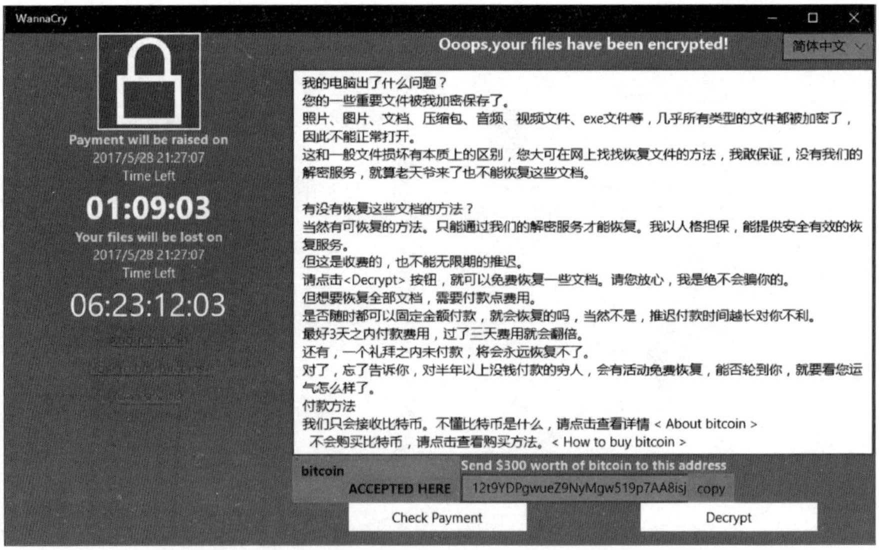

图 1－17　WannaCry 勒索软件攻击

Wannacry 勒索软件由国家级网络武器载具“永恒之蓝”和勒索加密模块共同构成。其中，“永恒之蓝”是此前被披露的源自美国国家安全局（National Security Agency，NSA）的武器级黑客工具，其作用是利用微软公司视窗系统 Windows 的漏洞，穿透未装补丁的系统，进行载荷投送。根据英国 MalewareTech 公司的早期统计数据显示，全球范围内被该武器级勒索软件攻陷的目标中，美国大约有 1600 台，俄罗斯大约有 11200 台，中国大陆有 6500 台。图 1－17 是一台电脑遭 WannaCry 攻击后，屏幕显示的勒索信息。

5. 2020 年“太阳风”公司遭供应链攻击

2020 年 12 月，“太阳风（SolarWinds）”公司旗下的 Orion 网络监控软件更新服务器遭黑客入侵并植入恶意代码。“太阳风”是美国知名的网络与系统管理公司，如图 1－18 所示。这次供应链攻击后果非常严重，约有 40 家政府机构、智库、非政府组织和 IT 公司“被精确锁定”，约 1.8 万家机构的网络安全软件存在相关恶意代码，全球范围内至少有 200 家政府和公司成为此次攻击事件的受害者。

图 1－18　遭遇供应链攻击的“太阳风”公司

2021年4月15日，美国国家安全局、网络安全与基础设施安全局、联邦调查局联合发布《俄罗斯对外情报局瞄准美国和盟国网络》报告，指责俄罗斯对外情报局利用5个已知漏洞实施网络攻击，是“太阳风”公司供应链遭攻击事件及相关网络间谍活动的幕后主使。同日，美国总统拜登签署行政令，以俄罗斯“对美发动网络攻击”“干涉美国选举”等为由，对俄罗斯实施“全面”制裁，涉及25个实体、21名个人，其中包括“支持俄罗斯情报部门对美国实施网络攻击”的6家科技公司。根据行政令，禁止美国金融机构参与俄罗斯债券市场业务或向俄罗斯提供资金借贷；驱逐10名俄罗斯驻华盛顿外交人员，声称遭驱逐人员中有俄罗斯情报人员。

6. 新冠疫情伴生网络安全风险激增

2020年暴发的新冠病毒是一场世纪罕见的大疫情。2020年3月11日，世界卫生组织正式将新冠疫情定性为“全球性大流行”，100多个国家宣布进入紧急状态或实行封锁限制。随着新冠病毒肆虐，网络空间出现“伴生疫情”。随着全球新冠病毒感染病例激增，各种混淆视听的网络谣言层出不穷。网络谣言的“掌上”发酵成为干扰疫情防控的新变量，在手机移动端第一时间跟帖评论转发甚至二次包装，新媒体时代的“扁平化结构”导致网络谣言依托移动社群迅速传播。而所谓“病毒溯源”借科学之名行阴谋论之实，加剧社会恐慌，蓄意制造对立情绪。新冠疫情造成的恐慌情绪和对信息的渴求成为恶意软件滋生的“温床”。2020年1月起，网络攻击事件迅速增加，攻击者利用疫情对公众的心理影响，将计算机病毒、木马等恶意程序伪装成“新冠肺炎病例”“防护通知”等热门字样的信息，通过钓鱼邮件、恶意链接等方式传播，导致计算机、手机等终端设备被窃取信息或被远程控制。世界卫生组织公布多起恶意程序案例并发出警告称，网络攻击者已经将世界卫生组织的名称和图像用在了钓鱼攻击和网络诈骗活动中。

病毒肆虐下，全球掀起了远程办公、远程教育和在线购物热潮，随之而来的各种网络拥堵和安全威胁问题，给网络运营商、政府和应急部门带来巨大压力。不夸张地说，处在压力测试崩溃边缘的，不仅包括医疗基础设施，还包括网络基础设施。在美国，远程办公人数激增 15%；在瑞士，基础设施承压过大，不得不考虑关闭部分流媒体服务；在英国，基础电信服务出现故障；在西班牙，网络流量暴增 40%，被迫实行错峰上网；在法国，网络流量创历史新高，计划推行“数字纪律”。国内移动办公软件“钉钉”数据显示，2020 年 2 月 3 日全国上千家企业、近 2 亿人居家办公，视频会议功能迎来历史流量高峰，导致网络出现短时限流（图 1－19）。

图 1－19　新冠疫情带来网络压力测试

远程办公、远程教育和在线购物的热潮进一步凸显了网络的基础支撑作用，也不可避免地增加了网络空间的脆弱性，“灰犀牛”风险迅速上升。2020 年 2 月 23 日晚，在线服务提供商微盟数据库被恶意删除，上百万电商无法正常营业，造成巨大经济损失。虽然并非是黑客攻击导致的，但也预示着基础设施被攻击破坏的严重后果，特别是在基础设施满负荷运行的情况下，破坏性将进一步放大。美国网络安全设备供应商飞塔公司发布《2020年上半年全球威胁分析报告》，警告网络空间技术供应链存在薄弱环节，由于许多行业采用全球供应链，商品零部件分散于各国生产，即便是疫情导致某国的局部网络安全危机，也可能外溢并造成全球性影响。

7. 科洛尼尔管道运输公司因勒索软件攻击被迫停运

2021年5月7日，美国最大的燃油管道商科洛尼尔（Colonial Pipeline）遭到勒索软件攻击。科洛尼尔负责美国东岸多达45%的燃料供应，该攻击事件导致该公司暂停了所有的管道作业网络，并于晚间关闭一条主要的输油管道。2021年5月9日，美国交通部下属的联邦汽车运输安全管理局发布了一份“区域紧急状态声明”，临时给予受影响的17个州和华盛顿特区汽油、柴油、航空燃料和其他成品油临时运输豁免，以减轻科洛尼尔输油管道持续关闭的影响。总部设于乔治亚州的科洛尼尔公司具备美国最大的精炼油管道系统，每天运送多达1亿加仑的汽油、柴油、航空煤油与家用燃料油，占美国东部燃油供应的近一半，还负责美国7个机场的燃油供应。图1－20显示了国内新闻对这一网络安全事件的报道。美国情报部门及网络安全公司经调查认为，攻击科洛尼尔公司的是勒索软件团伙“黑暗面（Dark Side）”。

图1－20　美国科洛尼尔管道运输公司因勒索软件攻击停运

8. 多个黑客组织站队俄乌冲突

2022年俄乌冲突爆发后，原本奉行自由主义和无政府主义的黑客组织纷纷选边站队。据统计，参与俄乌冲突的黑客组织在2022年3月初已达到55个。从站队立场看，支持乌克兰的有37个，支持俄罗斯的有15个，立场不明的另有3个。这些黑客组织部分有国家支持背景，还有大量民间黑客组织；既有多个原本行动隐秘的黑客组织借机“显影”，也有“匿名者”等久负恶名的黑客组织借机“洗白”。2022年2月25日，“匿名者”宣布开展“俄罗斯行动”，对300余个俄罗斯政府、媒体和银行网站实施攻击；28日，该组织宣布启动“威吓普京”网络行动；3月10日，“匿名者”所属“第65网络营”宣称获取并将公布俄罗斯网络安全公司卡巴斯基的内部源代码；4月3日，“匿名者”曝光俄军12万士兵的个人姓名、出生日期、地址、单位和护照号码等隐私信息，并煽动将这些士兵作为“战犯”进行“审判”。如图1-21所示，“匿名者”黑客组织使用电影《V字仇杀队》中的面具作为标志。作为回应，俄罗斯、白俄罗斯境内多个黑客组织接连入场。2022年5月16日，亲俄黑客组织Killnet宣布向美国、英国、德国等十国政府发起网络战。

图1-21　“匿名者”黑客组织标志性面具

第四节　技术防护的局限性

在网络安全进入国家治理范畴之前，技术防护一直扮演着网络安全的重要防线，甚至是唯一防线。但是，任何技术体系都有它的生命周期，没有任何技术能够一劳永逸地解决所有网络安全问题。2024 年“微软蓝屏”事件进一步暴露出，长期作为技术防护供给方的网络安全公司并不安全。网络安全技术防护的局限性，充分反映网络安全治理的必要性。

1. 正视网络安全技术有限的生命周期

2024 年，一些曾经备受推崇的网络安全技术黯然陨落。它们曾是网络安全领域的技术明星。但是，在不断演进的网络威胁面前，这些昔日的“明星”技术渐渐失去了光彩，被新兴的更先进、更智能的技术方案所取代。它们的陨落反映出网络安全领域的不断变革。新旧技术的更迭永不结束，没有任何技术能够一直提供可靠的网络安全屏障。

1）传统“多因素身份认证”（Multi - factor Authentication，MFA）技术

失效原因：被精心策划的网络钓鱼、中间人攻击、SIM 卡交换攻击和 MFA 提示轰炸攻击所破坏。

失效说明：作为二十多年来网络安全领域的“超级明星”，传统 MFA 方案曾广受欢迎，但随后被认为是导致勒索软件攻击泛滥的关键薄弱点。MFA 高度依赖短信或电子邮件等明文发送内容，曾是广泛部署的安全技术。近年来的网络攻击表明，传统 MFA 无法抵御现代威胁，它们在面对网络钓鱼、SIM 卡交换和中间人攻击时的脆弱性暴露

无遗，使用户在面对基于生成式人工智能的网络攻击时处于近乎无防御的状态。

2）基于签名的防病毒软件

失效原因：被多态恶意软件和无文件攻击所淹没。

失效说明：作为早期互联网用户忠实的伙伴，基于签名的防病毒软件在2024年正式退役。已知恶意软件的签名机制无法应对当今的威胁，这些威胁的变异速度快于病毒数据库的更新速度。多态恶意软件、无文件攻击和基于人工智能的威胁利用了它无法动态适应的缺陷，最终导致基于签名的防病毒软件正式退役。

3）独立密码管理器

失效原因：信任度下降和生态系统集成能力不足。

失效说明：曾经因简化凭证存储而备受赞誉的密码管理器，到2024年已经过时。独立密码管理器很难与集成的身份管理系统相媲美，大量的数据泄露事件削弱了人们对它们的信任，标志着密码管理器时代的终结。

4）传统VPN

失效原因：被“零信任”网络访问（Zero－trust Network Access，ZTNA）所取代。

失效说明：传统VPN曾经是远程访问的安全基石，但是性能瓶颈和容易受到横向移动攻击的漏洞使它们无法适应现代网络安全需求。ZTNA方案具有实施细粒度、基于身份的访问策略，成为传统VPN的替代品。这一转变标志着信任一次并获得全部访问权限的概念已经过时，无法应对持续存在的网络安全威胁。

近年来，全球IT行业不断演进升级，而新冠疫情的出现更是加快了整个行业变革的进程。远程办公和大量的云化应用模糊了企业的IT边界，默认内网安全和以边界防御为重点的传统安全体系架构在疫情期间备受考验。传统网络边界安全市场受疫情影响最为严重，除VPN

外，以防火墙、入侵检测防御为代表的网络边界安全市场增速也深受影响。与之形成鲜明对比的是，“零信任”方案正逐渐得到市场认可。“零信任”理念是基于对网络边界即将消失的预测，由于工作方式的移动化、云端化，分散在各地的用户将通过不同的设备接入网络。疫情期间的远程办公、远程教育验证了这一预测，大量分布式用户使传统的面向人员的安全管理难以落地，又进一步扩大了恶意软件可利用的攻击面。“零信任”的中心原则是不再自动信任网络内部或外部的任何人（或设备），而在授予适当权限前对任何试图接入网络的人（或设备）进行验证。

2. 正视网络安全公司“失误”“失能”风险

2024 年 7 月 19 日，微软视窗系统 Windows 全球性宕机，造成多国航空、铁路、海运、金融、医疗、酒店等行业无法正常运转，众多企业和个人用户受到影响。图 1－22 显示国外某机场因受“微软蓝屏”事件影响，大量乘客无法办理登机手续。微软首席执行官萨蒂亚·纳德拉确认，为微软提供服务的安全技术企业“众击（CrowdStrike）”公司发布的一项软件更新是造成这次全球性宕机的主要原因。“众击”终端安全软件的驱动文件 CSAgent. sys 存在兼容性问题，升级后微软系统试图整合 CSAgent. sys 对其安全产品进行的最新更新，结果导致蓝屏和无限重启。

从“微软蓝屏”事件可以看出，当前头部企业主导网络安全的模式，不仅不能带来网络安全技术的普惠共享，反而催生放大细微风险的结构性环境，进而造成新的安全威胁。2024 年 10 月，又有两家知名网络安全企业的近 100 万台网络安全设备被曝光存在高危漏洞。其中，Fortinet 设备存在代码执行漏洞；SonicWall 设备存在访问控制漏洞。

图 1－22　受“微软蓝屏”事件影响的国外某机场

这类问题既是技术问题，又显然不止于此。网络空间是安全领域的重要组成部分，需要国际社会共同治理维护。信息技术加速发展使得人类社会越来越依赖网络空间，网络信息技术领域已然成为现代社会的关键基础设施，网络安全一旦受到威胁，国家和社会的很多方面都会受影响。网络风险是一种全球性挑战，没有哪个国家能够置身事外、独善其身。在网络信息技术加持下，国际社会已经形成利益高度交融、命运休戚与共的共同体。无论主权国家、国际组织还是互联网企业、技术社群或普通公众，都需要共同面对网络空间的脆弱性及其带来的风险，共同承担治理责任，不断提升网络安全水平，真正让数字技术给世界人民带来福祉。

第二章

网络空间治理

2005年7月，联合国互联网治理工作组（Working Group on Internet Governance，WGIG）发表工作报告称："互联网治理是各国政府、私营部门和民间团体根据各自的职能，制定并应用影响互联网发展与使用的共同原则、规范、条例、决策流程和纲领"。此概念超越了"技术中心论"，具有一种综合治理的视角。对于网络空间治理的界定，有多种维度和视角，可以依据概念使用者的关注问题而有所不同，也可以在概念的实际应用时进一步采取网络空间治理领域的划分，如网络技术治理、网络内容治理、网络安全治理等。网络安全威胁具有典型的跨国传播特性，仅仅依靠传统的政府治理机制难以奏效，网络空间国际治理的重要性和必要性日益凸显。

第一节　从国家治理到国际治理

在国家安全层面，网络空间正变成一张充满征服与被征服的"渐暗的网"。网络攻击肆虐致使国家关键基础设施面临重大安全风险，利用网络环境实施的传统犯罪行为和利用网络攻防技术实施的网络窃密等犯罪行为屡有发生，利用网络对他国的政治攻击和颠覆活动愈演愈烈，恐怖组织将网络空间作为新的战场并将社交媒体作为其宣传、招募人员、组织行动的重要工具。面对愈演愈烈的网络安全威胁，世界各国政府纷纷出台网络安全战略规划和政策文件，明确了本国网络空间安全的战略目标、战略指导和发展要求，指导开展网络空间治理工作。

美国继2011年出台《网络空间国际战略》《网络空间行动战略》后，于2015年、2016年发布了《国防部网络空间战略》《国家网络空间威慑战略》《国际网络空间政策战略》等战略文件。美国着眼为遂行相关行动提供法律依据和制度保障，2013年以来陆续颁布了《国家网络安全和关键基础设施防护法》《国家网络安全保护法》等法律，以及名为《网络空间行动政策》《关键基础设施安全与弹性》的第20号和21号总统令。同时，美国相继成立统筹协调机构，构建起自上而下的网络空间安全指挥体系和组织流程，设立了白宫“网络空间安全办公室”作为网络空间最高协调机构，成立了“网络安全国家促进委员会”，为美国长期网络安全治理提供“路线图”。不仅如此，美国还增设了“首席信息安全官”职位，与“首席技术官”“首席信息官”共同成为美国网络安全治理的“三驾马车”。

我国作为网络大国，在网络安全国家治理方面走在世界前列。2001年8月，国家计算机网络与信息安全管理中心组建“国家计算机网络应急技术处理协调中心”（CNCERT/CC）。2007年11月，七项信息安全国家标准正式实施。2006年2月，信息产业部启动“阳光绿色网络工程”系列活动，清除电子垃圾，治理不良网络信息，打击非法网上服务。围绕网络强国建设，我国不断完善相关战略、法规与政策。2014年2月，中央网络安全与信息化领导小组成立，负责统筹协调涉及经济、政治、文化、社会及军事等各个领域的网络安全与信息化重大问题。2016年11月7日，十二届全国人大常委会通过《中华人民共和国网络安全法》，并于2017年6月1日正式实施。2016 年 12 月 27 日，国家互联网信息办公室发布《国家网络空间安全战略》，进一步为维护国家网络安全指明发展方向与实现路径，如图 2－1 所示。2018 年 3 月，根据中共中央印发的《深化党和国家机构改革方案》，将中央网络安全与信息化领导小组改为中央网络安全和信息化委员会，下设中央网络安全和信息化委员会办公室。

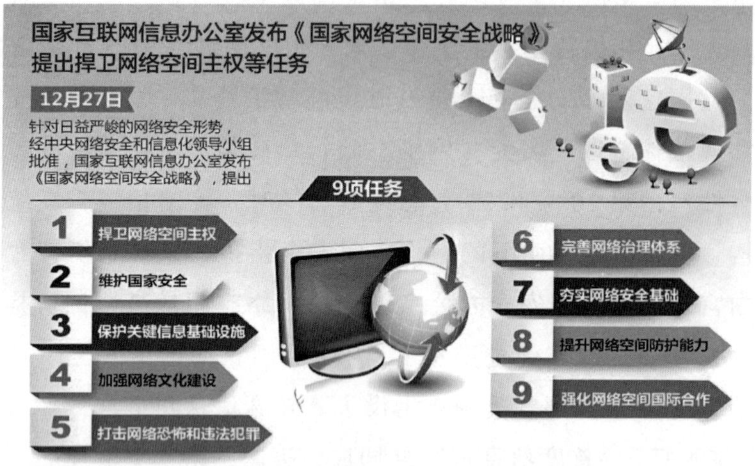

图 2－1 《国家网络空间安全战略》明确的战略任务

与传统安全问题不同，网络安全问题具有突出的跨国特性，对于单一国家的网络空间治理带来新挑战。首先，作为一个开放的全球系统，网络空间没有物理的国界和地域限制，传统的国家地理边界在网络空间不复存在。用户以匿名的方式将信息在瞬时从一个终端发送至另一个终端，它不仅打破传统意义上的地理疆域，也会削弱基于领土的主权国家的合法性。其次，以信息和数据为表现形式的网络内容层，不仅关系公民的个人信息和隐私保护，更关系国家主权和政治安全。然而，海量的网络数据大大增加了确权和甄别的难度，而这些数据掌控在私营企业手中也限制了政府预判形势和管控危机的能力。再次，与传统上国家主权来源于政府自上而下的权威不同，网络权力取决于“促成最大数量的、有价值的连接以及导向共同的政治、经济和社会目标的能力”，即“个体和团体运用软实力”的能力。网络化的扁平结构削弱了政府的权力，虽然不会造成权力的去中心化，但是会根据网络流量的大小在不同节点上形成新的权力中心。

正因如此，世界主要国家开始寻求网络空间国际治理。虽然网络安全问题最早在美国国内引起关注，但最早在国际层面提出和推动网络安全议题的国家是俄罗斯。早在20世纪90年代中期，俄罗斯就已在美俄军控谈判框架中提出网络安全问题，并自此之后成为网络安全议题“国际化”的最主要推动者。鉴于美国在信息技术领域的军事优势日益扩大，俄罗斯迫切希望与美国和北约达成一种正式的国际条约，以防范网络军备竞赛和网络战。由于推动俄美双边谈判未果，俄罗斯开始将目光转向联合国，以联合国大会为主要平台积极推动信息安全（含网络安全）问题。1998年9月23日，俄罗斯外长伊戈尔·伊万诺夫向联合国大会提交了一份关于信息安全的决议草案，形成《从国际安全角度看信息和电信领域的发展》决议，这可视为网络安全问题开始进入全球政治议程的标志。在俄罗斯的不懈推动下，网络安全问题的重要性越来越被国际社会所认可。除此之外，俄罗斯还通过倡议建立信息安全问题政府专家组、组织“信息通信技术与国际安全国际会议”、在区域性国际组织（例如上海合作组织和欧洲安全与合作组织等）强调网络安全问题等方式，积极推动网络安全议题的国际化。

在区域层面上，很多国际组织开始讨论网络安全问题。2001年，欧洲理事会成员国、美国、日本和南非签署了《网络犯罪公约》，这是第一部针对网络犯罪问题的国际法律文件，对于规范网络活动、引领网络安全国际立法做出了重要贡献。2002年，经济合作与发展组织批准通过了《经济合作与发展组织信息系统与网络安全准则：发展安全文化》的文件。2004 年，欧盟为应对日益严峻的网络与信息安全挑战，设立了“欧洲网络和信息安全管理局”。2006 年，上海合作组织在成立五周年之际签署了《上海合作组织成员国元首关于国际信息安全的声明》，并于 2007 年通过了《上海合作组织成员国保障国际信息安全行动计划》。

我国优先推动在联合国框架下积极作为，并积极推动上海合作组织、七国集团、二十国集团、金砖国家等平台将网络安全与相关治理问题纳入议程。我国主动搭建双边平台，与美、英、德等国家就网络问题建立“一轨”与“二轨”对话机制，推动双边协议的达成，并就共同关注的问题展开广泛与深入的探讨。2017 年 3 月，中国发布《网络空间国际合作战略》，以和平发展、合作共赢为主题，以构建网络空间命运共同体为目标，就推动网络空间国际关注合作问题首次全面系统地提出中国主张，为破解全球网络空间治理难题贡献了中国智慧。

第二节　互联网治理

最初的国际互联网治理概念主要是基于技术层面，即在技术上如何实现被称作“万维网”的国际互联网在全球有效安全地运行。20 世纪 80 年代至 90 年代后期，互联网治理的议题主要集中在技术和社会层面。在技术层面，互联网在技术专家们的努力下逐渐由军用转向民用商业网络，并且开始向全球扩展。在社会层面，一系列非营利性国际机构成立，其中最具代表性的是：1985 年成立的互联网工程任务组（Internet Engineering Task Force，IETF）；1992 年成立的国际互联网协会（Internet Society，ISOC）；1992 年成立的区域互联网注册管理机构（Regional Internet Registry，RIR）；1998 年成立的互联网名称与数字地址分配机构（Internet Corporation for Assigned Names and Numbers，ICANN）。需要特别说明的是，ICANN 的成立标志着美国政府与互联网社群就域名管理权的博弈暂告结束，并在全球开启了有关互联网由谁控制及如何管理的讨论。狭义的互联网治理概念就是在这个时期出现的，通常被用来描述管理互联网技术设施及相关社会、经济和政治问题的政策、程序和制度。

其后，互联网的商业化进程加速，越来越多基于互联网的活动与国家的政治、经济和社会生活密切相关。21 世纪初，随着互联网对国家经济社会发展的影响力日益显著，联合国认为有必要探讨如何让互联网更好地促进人类的可持续发展，于是在 2003 年至 2005 年召开了信息社会世界峰会（World Summit on the Information Society，WSIS）。也正是在此次会议上，关于互联网治理的概念第一次有了国际权威的定义，即“政府、私营部门和民间团体根据各自的职能，制定并应用影响互联网发展与使用的共同原则、规范、条例、决策流程和纲领”，其治理内容包括互联网的关键资源、互联网安全、确保使用互联网促进发展等。这个权威界定的意义在于，它正式承认了政府/国家行为体在互联网治理中的合法性，由此拉开了主权国家进入网络空间的序幕，也为后续网络空间治理概念的兴起奠定了基础。从这个概念不难看出，互联网治理超越互联网技术与架构本身，趋向一种综合治理的视角。

第三节　网络空间治理

随着网络空间与现实空间的加速融合，多层次、全方位的全球性网络空间治理体系得以初步确立。互联网在全球层面迅速普及，并深入影响到国家政治、经济和社会生活的方方面面，互联网治理的内容也逐渐从技术层面扩展至经济社会层面的公共政策和安全领域的治理。

21世纪开始，网络空间对于国家安全的战略意义日渐凸显。2003年至2005年，由联合国大会决议召开的信息社会世界峰会是由互联网治理开始转向网络空间治理的一个标志性事件，国家行为体正式获得参与国际互联网治理的合法性。在这个阶段，越来越多的国家安全议题开始进入互联网治理议程。爱沙尼亚危机、伊朗核设施遭受“震网”病毒攻击、斯诺登事件，以及美俄“黑客门”事件充分暴露出不断上升的网络安全威胁。垃圾邮件、个人隐私和信息保护、虚假新闻、网络攻击、网络犯罪、网络恐怖主义、网络战成为网络空间治理的重要内容。除技术社群和国家外，互联网用户、企业界、非政府组织、学术界等都成为利益相关方，联合国、世界贸易组织（World Trade Organization，WTO）、二十国集团（Group of 20，G20）等政府间组织也开始探讨有关网络的议题，全球网络治理呈现“机制复合体”的特征。为此，学界开始越来越多地使用网络空间治理概念来表述网络空间相关的各种治理问题。

网络空间治理是一个更加社会性的概念，更能体现互联网逐渐渗透至国家政治、经济、社会生活的现实。从社会学的视角来看，网络空间就是人类使用互联网所产生的活动空间，因此网络空间治理不仅具有更加宽泛的内涵和外延，也更突出了人类社会在网络空间活动的主体性特征。随着互联网在各领域的渗透，网络空间治理的内涵和外延不断扩展，不仅有技术社群为治理主体的非政府机制，也有ICANN这样异质多元治理主体的机制，并且囊括联合国互联网治理论坛（Internet Governance Forum，IGF）这类政府间主体和非政府间主体共同参与的国际机制。从治理模式看，网络化的多利益相关方模式与政府间多边模式之争贯穿始终。

第四节 中国参与网络空间国际治理的实践

中国于1994年全面接入互联网，开始参与网络空间国际治理。随后，中国积极参与了各主要治理平台标准和规则的制定工作。

1. 总体概况

与美国和欧洲国家相比，中国是互联网世界的后来者，也是受益者。一方面，我国在网络信息技术特别是核心技术的发展上仍然落后于欧美国家，在一些治理平台上的发言权及影响力还不够；另一方面，中国已经成为网络大国，正在迈向网络强国，这需要中国在国际治理平台上提升话语权，从而更好地维护国家利益，推进网络空间合作共赢。这是明确中国网络空间治理目标的基础和前提。

中国参与网络空间国际治理的实践主要集中在技术、社会公共政策、经济和安全领域。如果将参与国际治理的目标设定为提升国际话语权、议题设置权和规则制定权三个层级，那么中国在不同领域治理平台上的影响力分别处于不同的层级水平，这与中国自身的综合实力直接相关。

首先，在ICANN、IETF等技术领域治理平台上，治理的主要内容是标准和协议的制定，以及域名和数字地址的管理。在这个领域的治理中，虽然中国进入时间晚于欧美国家，最初处于相对劣势，在规则制定权和话语权方面明显不够，但这个领域也恰恰是中国参与时间最久的一个领域。随着中国的崛起，中国的利益相关方（政府、企业、社群和专家）日渐活跃，不仅直接参与了规则和标准的制定，而且入选了多个重要平台的关键职位。但总的来说，中国在技术领域治理平台上，特别是ICANN中的后发劣势并未根本扭转。

其次，在 IGF、WSIS 等社会公共政策领域治理平台上，治理的主要内容是社会公共政策的制定，以更好地让信息技术发展造福于人类。在这个领域的治理平台上，中国是最早开始参与平台治理讨论的国家之一，在首届信息社会世界峰会上发出了中国声音。由于议题性质所限，IGF 成为一个论坛性质的治理平台，未能有效输出集体行动。

再次，在数字经济领域，与网络空间治理相关的规则制定主要集中于传统的主权国家间政府平台，如世界贸易组织、二十国集团、金砖国家、亚太经合组织等。近年来，中国非常重视这些多边治理机制的作用，更是成功担任了二十国集团和金砖国家的主席国。无论是在全球还是地区平台上，中国的话语权和影响力都有了很大提升。在区域平台上，中国在议题设置和规则制定方面的影响力和领导力已经非常显著，但在全球平台上，围绕电子商务、数字贸易等关键议题，中国的影响力和话语权仍然有待进一步提高。

最后，在网络安全领域，相关的国际治理平台较为分散，既有双边合作框架，也有北约、上海合作组织这样的区域平台，在全球层面则是联合国框架。中国积极推动并参与了不同平台上的相关合作，特别强调联合国应成为网络空间国际规则制定的重要平台，始终支持联合国应在打击网络犯罪和网络恐怖主义、反对网络军备竞赛以及制定网络空间国际安全规则方面发挥重要作用。与经济领域的治理平台相比，中国在安全领域的国际治理平台上的影响力范围较为有限。

总的来看，中国参与网络空间国际治理的实践既有收获，也有不足。中国已成为网络空间国际治理平台上不可或缺的角色，中国以及新兴国家的利益诉求得到重视，要求推动网络空间全球治理体系和建立新国际秩序的呼声也得到更多的关注。但是，中国在相关领域的话语权和影响力还远远不能匹配网络大国地位。

2. 中美网络空间治理相关合作

2013 年 4 月，美国国务卿克里访华时同中国国务委员杨洁篪宣布共同建立中美网络安全工作组，这是两国首个官方网络对话平台。2013 年 7 月，中美网络安全工作组在华盛顿召开首次会议，就两国的网络关系、网络空间国际规则、双边对话合作措施等进行了交流与磋商。中方由外交部、国防部、公安部、工业和信息化部、商务部、国务院新闻办公室等部门官员出席，美方由美国国务院、国防部、国土安全部、司法部、财政部、商务部、联邦调查局及总统国家安全事务委员会等部门官员出席。据会后通报，中美双方同意采取务实行动，就网络空间国际规则加强对话，并加强两国互联网应急中心的协调与合作。双方还肯定了该渠道对于两国加强网络空间交流与合作的重要意义，将其定义为“中美政府间就网络事务开展对话的主渠道”。但是到了 2014 年 5 月，美国司法部以网络窃密为由起诉我国 5 名军官，中国外交部决定中止中美网络安全工作组活动。

2015 年 9 月，中美就网络安全问题达成重要共识，双方决定在网络安全信息共享、打击网络犯罪、国家在网络空间中的行为准则等领域开展合作，并通过建立网络安全高级专家组、打击网络犯罪高级别对话机制、沟通热线等方式推出“信任建立措施”（Confidence Building Measures，CBMs）。这对缓和中美在网络安全领域的对抗趋势，进一步加强双方合作有重大意义。为落实中美两国元首达成的共识，2015 年 11 月、2016 年 6 月，中美两次举行打击网络犯罪及相关事项高级别联合对话；2017 年 4 月，中美建立了四个高级别对话机制。其间，虽然美国于 2015 年 12 月通过《网络安全信息共享法案》渲染所谓我国网络攻击威胁，但是在两国的共同努力下，网络安全合作逐渐成为两国关系的亮点。

2017年12月和2018年1月，美国分别出台《国家安全战略》和《国防战略》，明确将中俄定位为战略竞争对手，并宣布美国将重回大国竞争时代。随后，美国推行网络空间攻势战略对我国进行围堵。2018年以来，美国政府对中美科技交流采取了一系列限制性措施，试图对中国采取“脱钩”策略，中美网络空间治理合作陷入低谷。

第三章

网络空间“大国竞争”

全球社会在享受互联网红利的同时，亦直面网络发展带来的各种安全威胁与消极影响。因此，网络空间治理的实践进程始终围绕“发展”与“安全”两个重心，不同国家虽各有侧重，但都注重网络化带来的数字经济发展红利，而将网络安全环境视为把握发展机遇的重要保障。2010 年前网络空间的安全威胁主要来自各类黑客组织或个人，其行为特点是以获取经济利益为目标，通过计算机病毒、木马程序、僵尸网络等恶意程序窃取信息或实施勒索，世界主要国家均将其列入违法犯罪行为并实施打击。但是，随着美国挑起的“大国竞争”向政治、经济、军事、外交、文化、科技等全领域拓展，全球网络安全态势持续恶化。世界主要国家网络领域军备竞赛保持增长态势，国际规则主导权和话语权争夺更加激烈，具有政府背景的黑客组织快速发展，以美国实践“前置防御”的攻势战略、俄罗斯组织“断网”演习为标志，网络空间始终呈现低烈度的对抗状态。

第一节　奥巴马第二任期的美国网络空间政策

2008 年至 2012 年，奥巴马第一任期，美国网络空间政策以“网络自由”为核心理念，以推广自由民主的价值观念为重心。2012 年

11 月，奥巴马连任美国总统，随后开启第二任期。奥巴马第二任期内，美国政府的网络政策出现了明显转向，“网络自由”不再是被强调的重点，“网络安全”则成为核心关切，对网络空间硬实力的倚重程度迅速上升。

2011 年 1 月，奥巴马政府成立了美国网络安全管理和执行办公室，“采取政府和民间合作形式，最高程度地确保网络传输及信息安全”。2012 年 10 月，奥巴马签署《美国网络行动政策》，在法律上赋予美军进行非传统战争的权力，将网络攻击视为战争行为，明确网络空间是与陆、海、空、天并列的第五大作战领域。2013 年 2 月，奥巴马政府发布《增强关键基础设施网络安全》，重点加强国家关键基础设施的安全及恢复能力。2016 年 2 月，美国成立了国家网络安全促进委员会，由前国家安全事务助理汤姆·多尼伦和 IBM 前首席执行官彭明盛共同领导，“规划未来十年的网络安全技术、政策发展路线图”。

特别值得关注的是，2015 年 12 月，白宫向国会提交了《网络威慑政策报告》，美国的网络威慑战略正式成型。美国网络空间政策转向“安全”为重，强调硬实力的建设和运用，主要受以下事件影响。

一是“震网”病毒的曝光。“震网”病毒对伊朗核设施攻击事件暴露了美国自小布什总统时期就开始的网络武器研发计划，美国不遗余力推动网络空间军事化的真相随之大白于天下。世界各国发现，美国以网络自由为名，鼓励世界各国连入一体化、互操作的网络空间，而自己却暗中发展出能够对物理空间进行毁灭性打击的网络战能力。美国网络攻击行径带来重大安全威胁，暴露出美国“网络自由”的虚伪性，导致其号召力迅速降低。

二是斯诺登事件的影响。2013 年斯诺登事件揭开了美国政府在全球范围内开展大规模网络监控的真实内幕，牵动全球网络治理格局发生历史性转变。美国政府“网络自由”的意识形态主张和其高度现实主义的行为实践之间的极大反差，严重削弱了“网络自由”政策的公信力和说服力。一些传统上并不反对美国政策的国家都纷纷提出要建立自身的网络基础设施，规避美国的网络监控。以中国为代表的新兴国家则针锋相对地提出了网络空间主权的主张，并依托世界互联网大会等平台展开积极活跃的多边外交，推动形成新的理论建构和行为准则。美国网络外交要坚持以“自由”为旗帜已从根本上无法自圆其说、难以为继。

三是部门领导人的更替。奥巴马总统第二任期开启前，希拉里卸任国务卿。2010 年 1 月，希拉里在华盛顿新闻博物馆就“网络自由”发表演说，全面阐述“网络自由”思想。2011 年 2 月 15 日，希拉里发表第二次“网络自由”演说。这两次演讲拉开了美国政府大力倡导“网络自由”的序幕。但是，2016 年总统大选期间曝光的“邮件门”事件，让一贯积极倡导“网络自由”的希拉里栽了跟头，国务院的影响力大幅下降，政策主导权更多地转移到国防部。同时，在奥巴马第二任期出任国家安全顾问的苏珊·赖斯发挥了较大的影响力，此人素以强硬著称，且长期受到防务部门的影响，导致美国政府这一时期的网络政策趋于强硬。

第二节　特朗普第一任期的“数字冷战”路线

2017 年，以美国特朗普总统为代表的技术民粹主义者上台，迅速摒弃了奥巴马政府奉行的全球合作路线，在情报监控、网络军事、数字经济领域采取了一系列挑衅政策。中美贸易战的战火燃烧到数字经济领域，数字经济沦为中美博弈的牺牲品。美国的单边行动拉开了“数字冷战”的序幕，网络空间全球治理进程平添变数，网络空间的和平路线严重受阻，数字经济合作的机遇期和窗口期迅速收缩，关于互联网分裂、互联网碎片化、互联网“巴尔干化”以及数字孤岛的讨论骤然增多。

在情报监控方面，特朗普政府丝毫没有反思斯诺登事件给美国带来的负面影响，反而决定继续实施全球监控。2018 年 1 月 19 日，美国总统特朗普签署法案，批准将《涉外情报监视法》702 条款延长 6 年。美国情报机构将继续在没有授权的情况下，监控美国境外目标的电子邮件和短信等通信内容。

在网络军事行动方面，特朗普政府采取更加具有进攻性的政策。2018 年 8 月 15 日，美国总统特朗普签署命令，简化了发起重大网络攻击行动的审批程序，使得美国军事部门更容易发动对外网络行动。美国从来没有质疑过网络空间军事化、武装化、网络军备竞赛的合理性，默认了传统军事向这个领域延伸的合法性。

在数字经济方面，在新冠疫情肆虐全球的背景下，美国国务卿蓬佩奥推出“清洁网络计划”，以单边主义行动强制整合全球互联网治理的对话版图，将传统军事领域的假想敌延伸到数字经济领域。以出台“清洁网络计划”为标志，美国正式拉开了“数字冷战”的序幕，急速扩大在遏制中国华为公司方面积累的“战果”，要求在运营商、应用商店、应用程序、云服务、海底光缆、5G 路径六个核心网络信息领域全面排除异己，强制世界其他国家在中美之间选边站队。“清洁网络计划”包括六个方面内容，具体如下。

第一，清洁运营商：确保所谓不受信任的中国运营商不与美国电信网络连接。

第二，清洁应用商店：从美国移动应用商店中删除不受信任的应用。

第三，清洁应用程序：防止所谓不受信任的中国智能手机制造商在其应用商店中预装（或以其他方式下载）受信任的应用程序。

第四，清洁云服务：防止美国公民敏感个人信息和企业知识产权在百度、阿里巴巴、腾讯等可被外国对手访问的基于云的系统上进行存储和处理。

第五，清洁海底光缆：确保连接美国与全球互联网的海底光缆不被中国大规模破坏并进行情报收集。

第六，清洁5G路径：防止使用来自华为和中兴等所谓不受信任的IT供应商的任何传输、控制、计算以及存储设备。

“清洁网络计划”有三个特点。第一是排除异己，想象出主要敌人和盟友，以文明冲突论作为最高指导思想，进行意识形态画线，在各个核心层面排除文明、文化、意识形态上的主要竞争对手。第二是合纵连横，构建同盟圈，不仅仅美国自己这样做，还动员、恐吓、说服其他国家这样做。第三是栽赃嫁祸，将自身的不负责任行为描述成他国所为，指控其他国家做自己对其他国家做的事情。美国国务卿蓬佩奥表示，美国将与外国伙伴合作确保海底光缆不被渗透，实际的潜台词是只有美国才可以渗透海底光缆，别国不允许这样做，甚至不允许拥有这样做的实力。复旦大学沈逸等学者评价称：“美国的‘清洁网络计划’是基于国家主观战略和需求的行业基础战略，这种判定不是对技术本身进行客观判定，而是以技术来源方的身份属性作为主要判定标准。这种带有主观色彩的意识形态偏见的做法违背产业规律，将会严重扰乱全球产业链。从本质上来说，‘清洁网络计划’是美国维护其数字霸权的关键举措，是在信息产业以供应链安全为由设置的非关税壁垒，其最终目标是维护美国的数字霸权。”

这种在全世界划分敌我阵营的路线是美国的一贯手法。美国的这套路线图不仅获得了澳大利亚、加拿大等“五眼联盟”国家的支持，还攻陷了爱沙尼亚、捷克等中东欧国家，甚至在印度、巴西等新兴国家阵营获得响应。这里出现了一个有意思的现象：欧洲和世界其他国家越是通过反垄断、数据立法等法律工具挑战美国，美国越是强调技术问题的意识形态和政治属性，将中国孤立出来加以挑战，缓解来自其他国家的压力。

美国从欧洲和亚洲两个方向对中国发动了攻势，利用“点—线—面”步步为营的方式来围剿华为和 TikTok 等中国明星高科技企业，初步完成了沿着跨大西洋路线和印太路线扼杀中国数字经济的战略部署。在欧洲方向，美国利用爱沙尼亚、捷克、波兰等中东欧小国作为战略支点和突破口，签署联合声明共同抵制中国 5G 企业，动摇了英国、法国等欧洲大国在 5G 领域的政策立场。欧洲国家虽然知道这是一种霸凌行径，但认为华为等中国供应商无法抗住美国的制裁，选择配合美国，进而使美国的“清洁网络计划”在这个方向上扩大成为“跨大西洋清洁网络”计划。在亚洲方向，美国利用日本和澳大利亚作为重点，并在印太战略的支撑下将印度拉入了美日澳同盟圈，怂恿印度出手封禁中国 APP，有可能进一步发展出“印太清洁网络计划”。目前，美国在网络信息领域已经初步完成沿跨大西洋路线和印太路线围堵中国的部署，需要引起我国领导层的高度关注。

特朗普第一任期结束后，总统拜登虽然大幅调整特朗普时期的国家安全政策，但在网络安全领域仍总体延续“数字冷战”路线。2021 年 4 月 8 日，美国国家情报委员会发布《全球趋势 2040》报告，总结分析了未来 20 年可能会影响美国家安全的重要因素及其发展趋势，为美国战略决策提供参考支持。报告认为，各国将积极争夺网络空间主导权和影响力，美中俄等国家正在通过研讨制定网络空间国家行为规范等方式，进行“影响力竞争”，未来竞争强度可能会达到“冷战以来最高水平”。2021 年 7 月 22 日，美国中央情报局局长伯恩斯接受美国家公共广播电台专访时表示，情报部门正在研究将美苏冷战时期的经验运用于对华工作，包括加强“中国问题”情报分析人员、行动人员和技术人员等的储备，采取措施确保在中美技术竞争中处于优势。

第三节　愈演愈烈的美国网络威慑战略

2018 年以来，在美国《国家安全战略》《国防战略》《国防部网络战略》等战略指导下，美军从战略政策、力量建设、技术研发上采取了一系列措施，加强网络空间作战筹划。其核心是网络威慑战略，实现途径是“持续交手”。特朗普政府推出的进攻性网络战略，放开了美军在采取进攻性网络行动方面的限制，扩大了美军防御行动的范围，使其能够更自由地对其他国家开展网络行动，而不受限于复杂的跨部门法律和政策流程。

1. “持续交手”

2018 年 4 月，美军网络空间司令部发布新战略《获取并维持网络空间优势：美国网络空间司令部指挥愿景》，提出“持续交手”（Persistent Engagement）概念。“持续交手”的核心思想是美军网络作战力量应该在网络空间与对手保持持续对抗，进而获得“持续的战术优势、行动优势和战略优势”。其目的是在尽可能远离美国本土的网络空间中与对手作战，实现有利于美国的绝对优势地位，以此为基础谋求绝对的网络安全。

根据《美国网络空间司令部指挥愿景》《国家网络战略》《国防部网络战略》，以及“持续交手”战略主要撰写人迈克·菲舍凯勒的系列文章，“持续交手”战略主要由三部分构成，包括“弹性”（Resilience）、“前置防御”（Defense Forward）、“对抗性的网络行动”（Contesting Cyber Operations）。具体内容包括：“弹性”，是指提高国家关键基础设施和国防工业基础设施抵御网络攻击的能力，通过增强自身系统的网络弹性做好承受对手攻击和报复的准备；“前置防御”，是指从攻击源头制止、挫败或慑阻针对美国国家关键基础设施的恶意网络行动，通过前出到对手的网络，实施渗透、监控、情报收集，为后续采取行动预置条件；“对抗性的网络行动”，是指坚持不懈地与对手展开“无声的较量”，主动释放信息，让对手了解美方的破坏能力，从而与对手达成“默许的协定”，划定竞争领域和设置红线，区分出可接受的和不可接受的网络空间行为。

根据“前置防御”部署，美军网络力量不仅要在全球范围配合或融入传统作战，也要参与保护国内关键基础设施。美军网络作战的重点在于：一是要像对待其他领域一样对待网络空间，进行持续接触和对抗，为此美军要在关键领域保持态势感知；二是要将网络作战融入传统部队作战；三是要保护美军的 C^4ISR 系统，加强战略防御；四是要建立全球范围的伙伴关系。

“持续交手”战略是美军网络空间司令部成立十年来做出的重大调整。学界认为，网络空间不具备传统威慑的客观条件，过去十年美国的网络威慑政策基本失效。美军期望通过预置给对手造成伤害的条件，即预先进入对手的网络，并适当展示网络能力，由此慑止对手的恶意网络行动。虽然对抗性攻击行为或将引发事态升级，但是美国学者认为，可以通过私下的讨价还价，甚至与战略对手进行明确的利益沟通和谈判，来防止误判和刺激冲突升级。

“持续交手”的基本逻辑是通过竞争性互动，建立行动上限，限制网络行动的强度，从而避免升级。实际上，网络行动的效果及连带影响面临着巨大的不确定性，很难确定这种策略是否可以阻止升级。总体而言，正是现实中网络行动的不确定性阻碍了升级，而理想中网络行动的准确性大概率导致冲突升级。

2. 分层网络威慑

美国网络空间日光室委员会是根据《2019 年国防授权法案》成

立的跨党派、跨参众两院的政府间机构，来自政府、各军种、IT企业等数十位专家组成四个工作组，在1年时间内组织了与美国工业界、大学、政府机构、智库，以及国际组织和外国政府机构的数百次会议，为美国国会提供行动建议。

美国网络空间日光室委员会提出的分层网络威慑战略主要由“一座基石、三条路径、六大支柱”组成，最终目的是降低发生重大网络攻击的可能性及影响。

“一座基石”是改革美国政府的网络空间结构和组织，尤其是针对政府如何保护网络、如何应对网络攻击等方面进行改革。

“三条路径”是实现威慑的战略途径，包括：一是塑造网络空间行为，即美国必须与盟友及合作伙伴加强合作，通过强化制度规范和非军事手段来塑造负责任的网络行为；二是阻止对手获益，即美国必须通过增强国家适应力、重塑网络生态系统以及发展政府与私营部门的关系，从而拒止对手利用网络空间获益的低成本行为；三是施加代价，即美国必须保持报复网络空间对手的能力和可信度，保持使用网络及非网络作战力量的能力、弹性和意愿，具备可随机应变的能力，从而慑止对手未来的恶意网络行为。

“六大支柱”是实现威慑的行动建议，包括改革网络空间结构和组织、加强规范和非军事手段、发展国家韧性（弹性）、重塑网络空间生态系统、开展与私营部门网络空间安全合作、保留和使用军事力量手段。其中，第六项支柱是军事建议，特别强调美国要在网络空间投放力量，保护自身利益并惩罚对手，阻止任何级别的网络威慑，建议美国国防部采取以下措施：一是对网络任务部队的力量架构进行评估，使美国具有能够适应任务增长需求的部队结构和能力；二是对核指挥控制系统进行全面的网络安全漏洞评估，持续评估武器系统的网络空间脆弱性；三是国防工业基地（Defense

Industry Base，DIB）需要参与威胁情报共享计划，重点收集国防工业基地的网络安全威胁情报。

从军事角度看，分层网络威慑战略的具体实现方式是“前置防御”，以便将对手的恶意行为限制在武装攻击的阈值下、慑止冲突，并在必要时通过使用所有能力及国家权力工具来取胜。结合美军网络空间力量建设及运用动向，可以发现，“前置防御”已充分体现在中美网络空间的战略博弈中。

3. 进攻性网络行动

美国在网络空间的“持续交手”战略已经从概念阶段进入实践层面。美军网络空间司令部负责能力建设和武器开发项目的行政主管表示，正寻求开发可被溯源至美军的进攻性网络武器，该武器“与美国国家安全局等机构所用的秘密手段完全不同，不寻求悄无声息，而是明确希望对手知道，以威慑网络入侵活动”。图 3－1 显示了作为网络空间“持续交手”战略主体的美军网络空间司令部。

美国提出的“持续交手”战略已经进入大国博弈及地缘冲突。根据媒体披露的消息，为了防止 2020 年总统大选时俄罗斯采取干扰行动，美军在俄罗斯的电力网络系统中植入进攻性的恶意软件；为了保护 2018 年美国中期选举，美军破坏了俄罗斯互联网研究所的网络；为了报复伊朗击落美军无人机，美军对伊朗军用计算机系统发起了网络攻击，使其无法正常控制火箭和导弹发射器。虽然“持续交手”战略实施效果还有待观察，但从行动的后果看，没有引发对手的过度反应或者冲突升级。总体上，针对明确处于对抗状态的单一国家对手，美军通过开展网络威胁行动，有效展示了破坏能力，在一定程度上达成了威慑效果。

图 3 - 1　美国国家安全局/网络空间司令部所在地马里兰州米德堡

总统特朗普在第一任期内下令废除奥巴马时期关于网络攻击的 21 号总统政策令（Presidential Policy Directive No. 21，PPD - 21），简化美军网络空间司令部实施网络进攻作战的跨机构审核程序。《2019 财年国防授权法案》赋予国防部长授权网络空间作战行动的权限，降低了美国实施网络攻击行动的门槛。这两条举措实际上已经创造了美军可以合理运用网络攻击的条件，使得美军网络空间司令部能够更快、更自由地在全球采取行动。美军网络空间司令部重点加强网络渗透能力、远程控制能力、远程破坏能力，在对手的关键基础设施的网络中持续地开展针对对手的进攻性网络行动，包括持续性的情报活动和渗透活动，乃至破坏活动。

随着网络空间战略引入冷战模式，美国在网络领域的恶意行为加速升级。2024 年 9 月 5 日，美军网络空间司令部下属网络国家任务部队（Cyber National Mission Force，CNMF）指挥官洛娜 · 马洛克在参加比灵顿网络安全峰会时，介绍网络国家任务部队执行“前出狩猎”行动情况。2018年以来，CNMF已在28个国家（地区）实施60余次“前出狩猎”行动。其中，2023年实施了22次，2024年预计实施25次，涉及国家包括立陶宛、阿尔巴尼亚、拉脱维亚、加拿大和赞比亚等国家，具体行动包括干扰破坏对手网络行动、加强重点网络防护等活动。

国际社会普遍认为，美国的行为对平等、共享、开放的互联网传统价值观带来了全球性、持久性的打击，已经从网络发展的领导者转变为网络规则的破坏者。特别是美国单独追求自身利益至上的网络霸权主义，干预其他国家的经济发展与社会稳定，对一些国家的主权和安全造成严重威胁，并且对网络空间治理的前景造成严重影响。

第四节　美盟国家仿效推行攻势战略

法国网络防御司令部指挥官艾米里克·伯尼梅森曾公开批评美国“前出狩猎”行动实为掩护美国网络间谍活动的烟幕弹。不难看出，美国在网络空间推行攻势战略是着眼赢得大国竞争，信奉零和博弈，企图打造美国在网络空间竞争优势的重大举措。在美国“前出狩猎”行动的辐射带动下，美盟国家纷纷效仿追随，在网络空间奉行先发制人、攻势至上的激进策略。随着网络空间政策向强硬转变，美盟国家网络空间实践也不可避免转向激进。

1. 英国公开“前出狩猎”行动

2023年10月，英国战略司令部副司令在接受媒体采访时表示，英军正学习美军网络空间司令部，开展“前出狩猎”行动，并指出“前出狩猎”是帮助合作伙伴开展防御的网络行动，介于网络防御和网络进攻之间，模糊了二者的界限。这是英军首次公开“前出狩猎”

行动。2023 年 7 月，英国国防部曾在名为《如何应对一个对抗性增强、不断变化的世界》的文件中提及“前出狩猎”一词，称“从事件中学习‘前出狩猎’发现威胁的能力，可在冲突中获得战略优势”。

2. 德国利用网络安全议题向中国发难

2024 年 7 月 31 日，德国利用网络安全问题向中国发难，无端指责中国对其联邦测绘局实施网络入侵。与美英等国家高调建设和运用网络军力不同，德国网络安全力量建设相对低调，人员规模注重精兵精用，职能任务侧重于维护国内安全，对外能力展示更为谨慎。但是，这一谨慎倾向近年来开始逆转。早在 2020 年 6 月，德国国际安全事务研究所国际安全司副主管舒尔兹在参加“2020 年北约网络冲突国际大会”期间，将网络空间军事行动细分为战略性网络行动、战役性网络行动和战术性网络行动，认为战争中的网络手段能够为军事作战提供支撑，可用于实现快速打击，而“先发制人更容易获得成功”。2023 年 11 月，德国外交部部长安娜莱娜·贝尔伯克指出，德国将寻求在必要时能够进行主动防御（Actively Defend）的网络空间能力，暗示德国不排除在网络空间实施先发制人。德国 2023 年版《国家安全战略》明确要求，德国不仅要加强对网络攻击的抵御能力，还要采取包括主动防御在内的应对措施，以尽量防止网络攻击造成的损害。2024 年 4 月，德国国防部长鲍里斯·皮斯托里乌斯宣布对联邦国防军进行改革，特别提到将重组成立新的网络与信息空间部队。这标志着德国网络安全力量建设已经迈入以实战为牵引的能力展示、整合与升级阶段，为德国照搬美国网络空间攻势立场和强硬姿态提供了实力支撑。

3. 法国扩大网络部队规模

法国在 2013 年度《国防与国家安全白皮书》中将网络攻击确定

为最大的外部威胁之一，明确网络防御力量是法国陆、海、空军之外的第四军种。2021 年 9 月 8 日，法国国防部长帕利表示，法国面临“网络空间冷战”局势，为应对“数量和烈度不断增加的网络攻击”，决定增加 1100 个网络空间作战人员编制。2025 年 3 月，法国网络防御司令部（COMCyber）在土伦海军基地举办了该国最大规模的网络防御演习“Defnet 2025”，参与者包括法国陆军、海军、空军和太空部队共约 15000 名军事人员，演习利用俄乌冲突的真实场景对参演人员开展训练，旨在提升法军网络战能力和网络认知战能力。法军计划 2030 年前将网络战人员规模由现有的 4000 人扩大到 5000 人。

4. 日本加快推进“主动网络防御”战略

日本于 2022 年 12 月修订的《国家安全保障战略》等安保政策文件明确指出，自卫队将加速构建“主动网络防御”机制，最终具备与美欧国家同等水平的网络防御能力。所谓“主动网络防御”，是指常态化监视网络空间，提前发现可疑威胁，识别分辨和追溯定位网络攻击源，依据相关权限采取瘫痪攻击源等反制措施。

2024 年 12 月下旬以来，日本政府密集召开会议，修订相关法律，将多个行业纳入强化网络防御的范围。有评论人士认为，这是日本加速落实“主动网络防御”构想的重要举措，很可能成为日本网络领域政策的转折点。同时，日本政府正加快研究修订《网络安全基本法》《电信事业法》《禁止非法访问法》《刑法》等法律，计划在 2025 年中期完成推行“主动网络防御”构想的立法工作。日本政府修订相关法律的重点主要集中在以下四个方面：一是将国家和政府正式确定为网络防御主体，将网络防御作为政府的法定责任；二是赋予内阁及相关网络防御部门溯源和反向入侵对方攻击服务器的权限；三是全面提高开展“主动网络防御”的能力；四是修订对宪法的解释，将对重要基础设施的网络监控合法化。

日本政府一系列“修法”举措，可能成为日本网络领域政策的转折点。由于日本宪法及相关法律的限制，日本政府及自卫队的网络监视和攻防权限受到一定制约。随着本轮法律修订工作的全面推进，日本国内网络领域的相关法律将与《国家安全保障战略》等安保政策文件实现无缝衔接。日本政府及自卫队将以“保护重要部门的基础设施”为名义和掩护，提升在网络空间进行反击乃至“先发制人”的能力。自卫队网络作战力量将在所谓“主动网络防御”的借口之下，对他国服务器实施“先发制人”攻击，或预设处于“休眠”状态的网络攻击武器，一旦有需要将立即发起攻击。

近年来，日本政府及自卫队采取多种举措，破除一系列法律和舆论障碍，为构建“主动网络防御”机制提供条件。这与日本政府口头声称坚持第二次世界大战后确立的“专守防卫”战略，却转头成体系地发展所谓“反击能力”的思路相一致。可见，“主动网络防御”构想已远超防御范畴，是日本“先发制人”这一作战思路在网络空间的延续和体现。而日本国内相关法律的储备，有助于对接美国等国家的“网络战规制联盟”，获得网络规制主动权乃至主导权。近年来，日本以维护网络安全为名，持续扩充网络作战力量。日本网络空间观和网络安全观的偏执倾向，是其国家安全观偏激化的具体表现。日本在以网络为代表的新兴领域采取“先发制人”的企图和举动，对其国家安全战略的一再激进调整起着推波助澜作用，将给全球网络安全带来新的威胁。

5. 韩国加强进攻性网络防御

韩国政府于 2024 年 2 月 1 日发布《韩国国家网络安全战略》，强调“进攻性网络防御和响应”能力，认为韩国必须转变模式，对来自敌对国家的威胁采取进攻性应对措施，将国家网络安全提升到更高水平。该战略将“加强对国家安全威胁的进攻性反应”作为战略任务之一，内容具体包括：

（1）识别威胁国家安全和利益的网络攻击实施者，并整合问责所需的法律和技术能力，以提高国家应对水平。

（2）加强对复杂网络威胁的应对能力，改进识别攻击来源的系统，跟踪“暗网”和加密资产交易。

（3）针对网络空间安全威胁制定威慑战略，并通过制定实施准则、在参与机构之间协调执行以及与盟国和合作伙伴联合发布安全公告，确保实际威慑力。

（4）责成情报机构和军方积极侦察和分析攻击来源，迅速与相关机构共享相关信息，并为预期攻击做好准备，以先发制人和进攻性的方式应对威胁。

（5）识别针对国家的网络攻击背后的实体，并根据科学证据对恶意行为追究相应责任。

第四章

网络空间威慑战略

冷战期间，威慑理论作为国际关系理论的主导，为避免核战争爆发、维持“冷和平”发挥了重要作用。冷战结束后，一些威慑理论的支持者继续宣扬威慑在防止其他领域军事威胁中的价值。1996 年，美国国防部长威廉·佩里认为：“威慑在过去几十年中保护我们免于受到核武器库的毁灭性打击，并且它将继续保护我们。”美国国际政治学者约瑟夫·奈认为，“威慑是指通过恐吓，让对手打消某种念头，它并不是冷战所特有的”。

在网络空间成为新的军备竞赛热点后，能否将慑阻核战争的成功经验套用到网络战，成为越来越多国家提出网络威慑的基本考量。美国及西方国家一直在探讨威慑在网络中的适应问题，尝试将威慑理论创新应用到新兴领域。网络威慑理论的提出，既延续了西方传统威慑理论一贯的扩张思路，也反映了当前网络领域愈演愈烈的国家间竞争。继宣布重回大国竞争后，美国 2018 年版《国家网络战略》强调“威慑”“进攻”“同盟”。从历史上看，该战略是 1986 年美国“海上战略”的翻版。无论是美国“海上战略”还是网络威慑，其目标都是维护自身领土完整和主权不受侵犯，扩张势力范围，谋求世界霸权。在美国示范带动下，英国、澳大利亚等国家先后提出网络威慑战略，将对美国联盟体系的附庸作为战略核心，并普遍将中俄视为假想敌。

但由于网络空间存在的平战界限模糊、溯源反制困难等特征，围绕网络威慑理论的合理性仍存在较多争论。

第一节　美国网络威慑理论的提出

鉴于威慑在冷战时期的有效性，建立网络威慑体系，理所当然地被美国及西方学者视为维护本国网络安全、保持网络领域优势地位的可行方式。出于上述考虑，美国学者针对网络威慑问题展开了广泛探讨。1994 年，詹姆斯·德尔·德里安教授在《连线》杂志发表题为《网络空间威慑》的文章，率先研究了网络技术对于物理战场的威慑效果。1996 年，理查德·哈克内特在《参数》杂志上发表文章，重点探讨网络空间中的威慑问题。2007 年以来，“震网”和“火焰(Flame)”病毒先后造成重大破坏，为网络威慑问题研究提供了丰富素材，战略与国际问题研究中心、兰德公司、布鲁金斯学会等重要智库纷纷展开相关研究，《战略研究季刊》在 2010 年、2011 年开设专栏，登载有关网络威慑理论的文章。

美国政府最早提及网络威慑的战略文件是 2003 年发布的《确保网络空间安全国家战略》。文件提出：“国家通过确认已经发生的或是蓄谋的罪犯及随后做出适当反应，谋求阻止、威慑和大量减少网络攻击。”2006 年，美国国防部颁布《威慑行动联合作战概念》，要求吸取冷战时期威慑政策经验教训，对威慑战略加以发展，使之适用于冷战后的新挑战。美国政府对网络威慑表现出高度重视始于 2009 年。当年 1 月，五角大楼实施演习，模拟国家如何应对关键基础设施受到的网络空间攻击。随后，美国战略与国际问题研究中心向奥巴马总统提交《确保新总统任内网络空间安全》报告，提出的第一条建议就是，网络是国家的重要财富，一旦受到威胁，“美国必须不惜动用一切国家力量之手段确保网络空间安全”。同年，兰德公司研究人员马丁·理贝基出版《网络空间威慑与网络空间战》。该项研究在美国空军第八航空队司令的资助下，对网络威慑问题进行了全面的分析研究。2010 年 2 月，美国前国家情报总监迈克·麦康奈尔在《华盛顿邮报》发表《如何赢回我们正在输掉的网络空间战》，认为网络威慑与先发制人的结合运用是赢得网络空间战的必要因素。他的观点基本定调了美国主流观点，即 20 世纪 50 年代用于应对核扩散问题的那些方法同样适用于应对当今世界网络空间威胁。前国土安全部部长麦克尔·切尔托夫提出，政府应当制定类似于冷战时期核威慑的网络威慑政策，“让所有人都懂得游戏规则”。2011 年 1 月，美国战略司令部司令凯文·奇尔顿上将表示，美国应当有能力展示其网络空间战术攻击能力，以应对其他国家的网络攻击威胁。

此后，美国政府颁布了一系列文件，强调网络威慑的重要作用。2011 年 5 月，白宫发布首份《网络空间国际战略》，宣称美国将使用一切必要手段，防御至关重要的网络资产，“美国将与其他国家一道，鼓励负责任行为，反对那些破坏网络与系统的企图，阻止和威慑恶意行为体，并保留在必要和恰当条件下防护国家关键设施的权利”，“我们有权利使用所有必要手段——国际的、军事的和经济的——以保卫我们的国家、盟国、伙伴和我们的利益”。当月 28 日，美国国防部负责政策事务的助理副国务卿詹姆斯·米勒称，在受到网络空间攻击时“我们需要考虑不限于网络空间的可能反击措施”。3 天后，五角大楼发言人宣称：“如果我们遭受网络空间攻击，所有恰当的反击手段都将列入考虑范畴。”2011 年 6 月，美国国防部长盖茨在出席香格里拉安全对话时明确表态，如果遭受其他国家的网络攻击，美国将视为“战争行为”，实施“武力反击”。2011 年 7 月，美国国防部发布《网络空间行动战略》，强调美军在网络空间的任务是“阻止针对国防部网络和系统的入侵行为，并击败敌对行动。”美国国防部副部长林恩在美国国防大学发表演讲时表示，美方将保留回应严重网络空间攻击的权利，将在“我们选择的时间和地点做出相称且正当的军事回应”，其压倒一切的重点就是“威慑”。

美国一系列政策文件表明，网络空间“威慑时代”正式到来。2012 年 3 月，美军网络空间司令部司令基思·亚历山大在国会听证会上阐述美国秉持网络威慑的基本立场。2013 年 1 月，美国国防部国防科学委员会发布《弹性军事系统与高级网络威胁》报告，提出美国应“在网络时代保持威慑态势”。

第二节　美国网络威慑战略的演变

美军网络空间司令部首任司令基思·亚历山大宣称，网络空间司令部就是要保证美国当局具有网络威慑这种可选行动的能力。在网络空间司令部组建之初，美军网络空间军事力量建设尚未成熟。美国认为，在网络空间能力尚未获取充分优势之前，过分强调网络进攻会招致各种网络威胁力量“不必要的关照”。因此，美国早期网络威慑的关键内容有两条：一是不排除使用传统物理手段报复因网络防御失效导致的网络安全威胁，这是网络威慑的保底手段；二是加紧发展成熟的网络空间进攻能力。2011 年，美军参谋长联席会议副主席詹姆斯·卡特赖特表示，美军网络空间行动将 90% 的精力集中在防御层面，必须找到改变这一状况的办法。

经过多年建设，美军的网络空间力量体系逐步完善。力量规模方面，美军网络空间司令部以及各军种网络空间司令部分头组建可遂行全时作战的网络力量，2016 年 133 支网络任务小队全部具备作战能力。武器装备方面，美军建成较为完备的网络空间作战武器装备体系，列装了密码破译、漏洞利用、设置后门、无线注入、暴力攻击和欺骗扰乱六大类数千种网络空间作战武器，涵盖了突破、渗透、监视、扰乱、阻塞、致瘫等全部作战领域。指挥控制方面，美国网络空间指挥体系基本确立，战略级行动由网络空间司令部集中统一负责。在美国逐渐完成网络空间能力体系构建之后，由于不再担心威慑会引起潜在对手的注意和攻击，美国开始频繁“秀肌肉”，大张旗鼓地强调基于进攻能力的网络威慑。

基于进攻能力的网络威慑，强调从攻击源头制止、挫败或慑阻针对美国国家关键基础设施的恶意网络行动。主要通过在日常竞争中前出到对手的网络里，实施渗透、监控、情报收集，为后续采取行动预置条件，以便将对手的恶意行为限制在武装攻击的阈值下慑止冲突，并在必要时选择展示网络能力、使用破坏性网络能力、动用“全政府”工具等方式来慑止对手。“持续交手”是基于进攻能力的网络威慑战略的典型代表，其提出被认为是美军网络空间司令部成立十年来做出的重大调整。不少学者认为，基于进攻能力的网络威慑战略制定的初衷在于减少冲突，但如果表现出先发制人的进攻态势，反而可能导致误判甚至刺激对抗升级。

第三节　网络威慑面临的主要难题

核威慑理论的成功实践，关键在于明确回答了以下三个问题：一是要威慑什么样的敌人？二是要威慑什么样的攻击行动？三是如何实现这样的威慑？在核战争中，攻击方的身份通常是明确的，并且双方都能够置对方于危险之中。第三方有核国家参与到战争中的可能性极低，民间的核武器拥有者参与的可能性更低。即使遭受敌方一轮核打击，只要己方核武器和输送载具存在，报复性反击就可以有效进行。由于核战争是超越其他一切形式的战争形态，核战争下每个国家的人都处于危险之中，因此在对待使用核武器的态度上，人们一致且强烈地认为这是无法接受的。然而，在研究网络威慑问题时，这三类问题在网络空间存在诸多不确定性，导致网络威慑面临极大挑战。

1. 威慑对象难明确

威慑是一个行为体针对另一个行为体采取的行动，其成功基于这样一个假定，即对手能够恰当地认识、解读和应对威慑方发出的威胁，从而做出正确的“成本—收益”计算，认为某些行动不可能成功或代价过高，因此决定避免此类行为发生。要使威慑发挥作用，就必须明确威慑的对象。网络威慑的对象难以确定，下面进行简要分析：

首先，国家间关系复杂，基于政治考量确定威慑对象难度增大。冷战期间，全球安全架构是两极化的稳定结构，虽然以美苏为首的两大集团处于直接对立状态，但相互关系相对明了、稳定，双方的目标和行为都具有一定的可预测性，没有太多的不确定因素。在这一环境中，谁有可能发动核攻击，答案是显而易见的。与之相比，在新的国际体系中，传统的主权国家由过去的单一实体转变为更复杂的行为体，内部拥有多种追求不同利益、具备不同能力的次行为体，无论是传统盟国还是以前的敌对国家，相互之间都表现出既竞争又合作、既对抗又联合的复杂关系。这就使得国家决策变得难以预测和分析，要判断哪些国家是需要威慑和应当威慑的对象，要比冷战期间困难得多。

其次，攻击行为隐蔽，追踪责任者难度增大。有效识别攻击者身份，对世界各国来说都是一个难题，但这正是实现网络威慑的首要因素。有学者在谈到网络威慑问题时表示，除非网络空间攻击责任归属问题得以解决，否则网络威慑将“停滞不前”。网络空间攻击的发起者之所以难以确定，主要有以下几个方面原因：

（1）网络空间行为体众多，行动隐蔽性强，但追踪手段相对落后，因此难以辨别真正的攻击者。

（2）在网络空间，犯罪集团或“爱国人士”的攻击往往超出了政府控制范围，也无法排除个别操作人员判断失误或未经命令自行发动攻击的可能性。对于这样的事件，国家应当承担什么样的责任，国际社会未达成共识。

（3）第三方可能秘密参与到网络空间冲突中，加剧了明确网络威慑对象的复杂性。如果威慑方未能发现第三方的参与，就有可能将第三方的行为视为原攻击方的行为，从而加大报复的力度，导致冲突升级；如果威慑方意识到有其他行为体加入冲突，就要分出精力查找第三方，削减了抵御原攻击方的能力；即使能够清楚地辨认出原攻击方和第三方，也很难确认两者间的关系，也就给确定应对措施带来了困难。

（4）即使确认了攻击者身份，追踪调查通常需要跨越物理国界，必须借助于其他国家的网络管理者、执法机构或安全机构的协助，但在国际法律援助机制缺乏的情况下，各国出于保护本国利益的需要，对这样的调查往往不予配合。

出于以上各方面原因，在威慑对象难以明确的情况下，威慑政策不仅无法起到劝阻攻击者发起攻击的目的，还可能使威慑方陷入困境：在遭受打击后，如果迅速采取反击措施，则可能会因选定了错误目标而引发更多冲突；如果不采取反制措施或延迟采取措施，则将导致威慑的可信度下降，从而刺激更多行为体在网络空间发起攻击。显然，这里的威慑指的是报复威慑。由于冷战期间这种威慑构成了美国威慑政策的理论基础，因此美国学术界很多研究成果都延续了报复威慑的思路。但是，拒止威慑同样面临威慑对象难以明确的挑战。

2. 威慑门槛难划定

威慑战略不仅要明确威慑哪些人，还应明确威慑哪些事，即必须有明确的目的性，要确定所要阻止的行动的性质与类型，要让敌人知道什么样的行为可能引发反击。网络空间的攻击行为多种多样，其中：既可能是欺骗性网站，也可能是将系统与互联网切断的数据洪流；攻击目的既可能是秘密入侵某一网络以获取信息，也可能是通过操纵信息导致系统发生灾难性错误；攻击对象既可能是个人计算机、私营企业内部网络、用于银行间资金转移的企业间网络，也可能是国家安全指挥控制一体化网络；所产生的影响既可能是重启服务器或无法获取关键服务，也可能是资金或敏感信息遭窃，导致对数据与服务的信任感丧失，甚至是依赖于互联网的关键系统陷入瘫痪。这些行为通常难以及时侦测发现，也就无从发起威慑。即使及时发现威胁，有时也难以确认攻击到底是间谍活动还是战争行为，难以确定攻击是无关痛痒的小型攻击还是可能造成巨大损失的大规模攻击。这就带来了划定红线的问题，即超越了什么样的界限，国家才会发起反击。战略与国际问题研究中心研究员詹姆斯·李维斯指出，美国被认为拥有“先发制人”的网络空间进攻能力，但实际上威慑效果有限，因为网络空间攻击的性质究竟是商业犯罪，还是对美国的破坏活动或者战争前奏，都难以做出明确判断，从而令美国无法迅速启动反击程序。

在这一问题上，美国学者的观点可划分为两类：一类是“零容忍”政策，即设置很低的反击门槛，对任何跨过门槛的人都加以严厉惩罚；另一类是“高门槛”政策，即只针对达到“武装攻击”层次的网络空间行为施加威慑。但两种政策都面临着一定障碍。

1）“高门槛”政策存在的问题

如果采取“高门槛”政策，可能带来以下问题。

首先，难以确定对哪些行为做出回击。《联合国宪章》中未对

“使用武力”“武装攻击”等术语给出准确界定，因此依据现行国际法准则，尚难以判定哪种行为可被认定为战争行为。对手可能会有意利用国际法在这一问题上的欠缺实施网络空间入侵行动，使威慑方陷入两难境地：若发起反击，则可能因无法证明对方行为系“武装攻击”而受到国际社会谴责，美国将从受害方变成入侵者，这对始终自视为站在道德制高点的美国来说是不能接受的；若不采取行动，则将降低威慑的可信度。

其次，难以确定采取哪种报复手段更合适。美国长期以来一直表示，对美国发动的物理攻击属战争行为，将遭受报复性打击。那么，如果美国网络空间遭受了攻击或损失，它是只能在网络空间做出反击，还是能够以美国占据优势的传统军事力量回应呢？根据国际法中的“相称原则”（Proportionality），以网络手段回应网络攻击似乎是更为恰当的。2010 年，美国颁布《核态势评估》报告，排除了因应网络空间攻击实施核报复的选项。不久，美国政府意识到这种表态可能使自己陷入被动，便由前任政府官员出面改变口径。当年 10 月，美国国土安全部前部长麦克尔·切尔托夫表示，“我并不是说需要以真实攻击应对虚拟攻击，但我确实认为，确定在何时如何进行反击是恰当的非常重要”。有不少人建议，针对网络空间的攻击，除了以同等手段回应，也可以传统军事力量发起反击。有些专家甚至建议，美国应当明确地将对关键基础设施的网络空间攻击与核反击联系起来，这样做的优点在于传统军事能力的展示更为容易，影响更易于预先评估，而且美国对自己在传统动能攻击方面的能力也更为自信。然而，使用传统军事手段进行反击，可能引起冲突的升级，不仅可能引起攻击者更为强烈的反应，而且可能使第三方加入其中，发动网络空间攻击、物理打击或者给予其他形式的援助。更重要的是，威慑的可信性不仅取决于威慑攻击的能力，还取决于实施所宣称的报复行为的政治意愿，作为威慑方的领导人，是否会愿意因为有人破坏了数据而让他偿命呢？因此，依赖军事打击手段作为网络空间的最终威慑手段并不那么可信。

2）“零容忍”政策存在的问题

如果采取“零容忍”政策，同样面临着一些难以克服的障碍。

首先，如果要反击的攻击种类过宽，在某些攻击发生后威慑方没有根据先前发出的威胁做出反击，就将破坏其他威胁的可信度。依据美国自己的说法，美国政府系统每天都要遭到数千次小型攻击，可见攻击者并未因美国政府的警告而放弃攻击。正如《外交》杂志中一篇文章所说：“最令人烦恼的是，阻止日常小规模攻击行动的有限成功，将使未来的黑客更为大胆地攻击关键基础设施，从而对美国经济与国家安全造成毁灭性影响。”

其次，要进行威慑，必须及时知道己方已受到攻击，但网络空间的低层次攻击往往很难发现。很多私营部门往往不愿意承认受到了攻击，有些攻击则要在发生数月后才能被发现。美国某机构所做的测试反映，被发现的攻击行为只占攻击总数的5%，其中只有5%被上报。如果说这些数字是可信的，那么攻击被获知的概率就只有0.25%。由此推断，绝大多数网络空间攻击并未像美国所宣称的那样遭到报复，这自然降低了威慑的可信度。

3. 威慑机制难确定

威慑的目的是迫使对手在进行“成本—收益”计算后认为，采取某种行动所付出的代价将远大于收益，从而放弃这种行动。“成本—收益”计算通常包括4个要素：一是采取行动可能获得的好处；二是获得好处的可能性；三是采取行动可能付出的代价；四是付出代价的可能性。这就形成了两种威慑方式：一种是使对手认为他的行动不可能取得成功，从而放弃行动，即拒止威慑；另一种是使对手认识到攻击行动将受到严厉惩罚，从而不敢行动，即报复威慑。但在网络空间，这两种机制都难以发挥作用。

1）报复威慑存在的问题

报复威慑是冷战期间相互确保摧毁战略的基础，其运作机制是发出可信的威胁，如果敌方发动攻击则将受到严厉甚至致命的报复，使付出的成本、损失及风险远远高于预期的收益。在网络空间运用这一机制，存在以下问题。

首先，所发出的报复威胁，必须能够传递给潜在的攻击者，且对方能够正确地认识和理解这些信息。要使威慑奏效，就必须让被威慑者相信，对方有能力实施报复，即威慑方要将其能力展示出来。如果一个国家拥有极具杀伤力的武器，敌人却不知道这种武器的存在，那么它就不具有威慑价值。在核领域，核爆炸是有形的，全球辐射指标可以测量，核武器测试总会通过各种方式被发现，威慑方可以通过增加军队、测试系统、展开演习训练等方式，向对手展示常规与核能力。但网络空间的进攻能力却是无形的，而且一旦这种能力暴露出来，对手就可有针对性地实施防御，使己方的进攻能力失去效力。因此，美国将网络空间进攻武器的发展状况列为机密信息，从未公开在网络空间进行过核武器试爆那样的行动。在这种情况下，美国只能让别人猜测自己有这样的武器，以此作为威慑，效力当然不高。

其次，要使敌人产生恐惧感，就要使其相信，如果发动攻击则必将遭到严厉打击。标准的威慑战略会宣称要制造类似的毁伤作为报复。在核领域，将对方的城市作为人质是威慑其他国家不要打击己方城市的基本方式。依此类推，在网络空间，威慑方应当威胁要对敌方攻击的同类目标制造毁伤。网络空间中的现实状况是，美国等西方国家高度依赖于网络，而很多具有网络攻击能力的国家和非国家行为体对于互联网或网络化系统的依赖程度远低于美国，甚至有些非国家行为体（如黑客或恐怖集团）根本没有可遭受报复的计算机网络或基础设施。因此，对那些对网络需求不高的国家和非国家行为体发出的报复威慑，显然缺乏内在的可信度。这一问题在应对网络恐怖主义时尤为突出。例如，如果“基地”组织通过某第三方国家发动攻击，威慑方是否仅仅因为有数据包从该国发出就对其实施大规模打击？是否能够在缺少关于这个国家窝藏恐怖分子的证据的情况下对其进行报复（在网络空间这样的证据通常很难获得）？正是在这个意义上，有些美国学者认为，“与缺乏对称性相比，责任归属只是一个次要问题”。

再次，报复行为有可能带来难以预料的附带毁伤。报复性威慑的本质，就是给攻击方造成难以承受的损失。根据国际法的基本原则，所施加的惩罚应与对方攻击行为所制造的损失大体匹配。但如前所述，网络空间报复行动的附带毁伤可能远超出预期，甚至导致国际社会对威慑方的看法产生改变，或使第三方有理由加入冲突。这将使领导人授权发动网络空间反击的意愿受到限制，从而降低威慑的可信度。例如经常被用于破坏网络的分布式拒绝服务攻击，使用的工具是由无数计算机组成的僵尸网络。这些计算机是为用户提供服务的个人平台，如果对这些计算机进行打击，那么有可能会伤及本国计算机，从而对本国经济产生二次打击效应。因此，受攻击方领导人很难果断地做出反击决定。

最后，威慑方的威慑越明确、越激烈，潜在敌人就越有动力发现和补足己方系统中的漏洞。这样，在需要利用这些漏洞实施打击或入侵时，这些漏洞可能已经不存在了。兰德公司关于网络威慑的研究报告指出：“发现某个漏洞，并不意味着在需要实施打击时它依然存在。”由于网络空间报复不可能将敌人反击能力打击殆尽，美国要么找出一系列可供利用的漏洞，要么找出少量可以反复利用的漏洞，但是这两种选择无疑都对技术有着极高的要求。

2）拒止威慑存在的问题

拒止威慑的运作逻辑是：威慑方具备极强的防御能力，使对方相信进攻行动的成功概率相当低，从而降低对进攻的预期收益。综合美军网络空间司令部成立初期的网络空间政策，所奉行的是拒止型威慑逻辑，即通过加强防御能力，确保美国关键基础设施免受任何形式的威胁。2010 年，美国国防部副部长在《外交》杂志发表文章指出，网络世界的威慑“必然更多地依赖于让攻击者无法获得任何好处，而不是通过报复行动使攻击者付出更高代价”。

依据这种威慑模式，要让攻击者相信攻击不会取得效果，就要使其相信，对方的防御无懈可击。在物理空间，只要将防御成果展示给对手即可，中国的万里长城、欧洲大大小小的城堡都是这样的明证，但是在网络空间却难以建立令敌人感到难以攻克的防御。由于国际社会特别是美俄两国的看法差异巨大，对网络空间行为加以监管、对网络空间武器加以控制的防扩散机制短时间内还难以建立，这也在无形中加大了防御的难度。另外，在确定拒止威慑是否成功时必须明确，如果某个攻击者一直在刺探，但始终未发动攻击，那么这只能说明他们无法越过强大的防御，但无法说明威慑是成功的。只有当攻击者失去信心并做出自我限制，才能说明威慑是成功的。由于网络空间攻击行动的低成本和低代价，这在网络空间基本上是不可能实现的。

第四节 网络威慑的手段和对象

在诸多威慑理论中，“X 威慑”中的 X 是指威慑手段。核威慑，是以核武器实施的威慑；常规威慑，则是以常规手段实施的威慑。但对于网络威慑来说，“网络”固然是手段，但更多的是要保护的对象。当前，网络已经同水、电一样，成为人们生产生活不可或缺的基础性资源。根据国际电信联盟 2020 全球网络安全指数调查结果，越来越多的国家重视网络安全，有 64% 的国家发布了网络安全战略，有 50% 的国家制定了网络事件响应机制。网络安全脆弱性还体现在对其他领域战争威胁的跨域联动。在新军事变革刺激下，美军提出“海空一体战”。美国防务专家埃米泰·埃特西尼明确反对“海空一体战”，认为它具有与生俱来的升级性，必然导致网络和太空等领域的军备竞赛，而网络安全恰恰是美国的重大关切。

奥巴马总统宣布，美国21世纪的经济繁荣将取决于网络的安全。国防部长盖茨也表示，在美军越来越依赖网络的同时，来自网络的威胁也越来越多。2021年拜登上任伊始即发布《临时国家安全战略指南——重振美国的优势》，将网络安全视为重振并维持美国优势的重中之重。由于互联网的低门槛接入，大多数国家可以无差别进入并利用网络空间，网络空间“你中有我、我中有你”的特点导致在数字时代国际关系中，网络已成为国家间的质押。美国佐治亚理工学院信息安全中心霍华德·斯密特教授刊文称，美军的关键基础设施从根本上来说是基于互联网建立的，它们之间存在相互依赖性，而这正是敌人会设法利用的，对于发展中国家和军事强国来说，在网络战的战场上是平等的，他们都可以通过网络发动同等破坏性的攻击。由此可以理解，为什么俄乌冲突期间，美国始终没有动用国家网络攻击能力。2022年2月25日，美国全国广播公司新闻频道报道，网络战可能成为拜登总统的选项。随后美国国家安全委员会和白宫紧急辟谣，称报道内容“离谱”，“完全站不住脚”。

第五章

网络空间国际治理的关键挑战

从网络空间的国家博弈发展趋势看，网络威慑、网络军备竞赛是网络空间国际治理需要面对的重大挑战。如果不能预先给予高度关注和分析应对，就无法推动网络空间国际治理取得实质性突破。严格地讲，威慑的方式是威胁使用军事力量，而不是实际使用军事力量。一旦使用了军事力量，就说明威慑已经失败。威慑战略成功与否的关键，除了军事力量，还有在一定历史时期对于战争手段破坏性评估的共同认知。缺乏共同认知的网络威慑，不仅无法阻止战争，反而可能成为战争的导火索。

近年来，美国、英国、澳大利亚等国家在网络空间军备的基础上提出网络威慑战略，力图将网络空间力量建设与理论创新同步推进，日本、以色列、加拿大等国家则积极参与美国主导的联盟威慑体系。这些国家的网络威慑战略虽然在具体政策层面存在差异，但普遍坚持以实力保安全的原则。由于对网络战争手段的破坏性评估尚未形成一致认知，导致实力主导的网络威慑战略不仅没能降低战争威胁，反而不断提升网络战风险。由于这些国家的网络威慑战略是在缺乏共同认知基础上的自定义威慑，是仅专注于自身安全而忽视共同安全的自守型威慑，其最终结果就是越多的国家提出威慑战略，网络空间的国家行为就越无据可循，网络安全态势也就越发混乱。

第一节　美国网络威慑实践案例

美国2018年版《国家网络战略》强调的3个关键词是“威慑”“进攻”“同盟”，其中网络威慑是基于“前置防御”“持续交手”的战略概念。2020年，美国日光室委员会研究提出“分层网络威慑”新战略，部分纳入美国2021财年国防授权法案。2021年底，美国国防部长奥斯汀称，国防部正基于“一体化威慑”思路拟制新版《国防战略》，新战略将以现有作战能力为基础，发展可支撑未来作战概念的新能力，其中就包括网络空间和太空等领域作战能力。在美国鼓动下，澳大利亚、英国在2021年先后发布《澳大利亚的国际网络与关键技术参与战略》和《国家网络战略2022——全英国共同开创网络未来》等报告，明确提出实施网络威慑。2022年日美“2+2”会谈期间，两国重点讨论了网络、太空等领域合作事宜，明确将强化网络空间集体防御和威慑，提高日美同盟威慑力。

2020年随着美国总统大选临近，美国对俄罗斯网络威慑力度迅速上升。美国国会参议院情报委员会在其官网发布2016年俄罗斯干预美国总统选举系列报告的第五份报告，也是最终调查报告。该报告长达966页，总结了俄罗斯“影响力”运作模式及其对美国反情报机构构成的威胁。报告称，俄罗斯利用现任总统特朗普的前竞选团队主席马纳福特和维基解密网站，帮助特朗普赢得2016年大选。其中，维基解密网站在俄罗斯协助特朗普开展针对希拉里的竞选活动中发挥了关键作用，且该网站可能知道自己在帮助俄罗斯情报机构。报告还指出，俄罗斯总统普京亲自指挥了对民主党网络和账号的攻击，泄露了对希拉里的不利信息。美国司法部副部长罗森在美国智库战略与国际问题研究中心（Center for Strategic and International Studies，CSIS）宣称，俄罗斯“通过强制、秘密、欺骗等手段对美国大选开展‘影响力行动’，并借助数字设备和互联网扩大影响范围和强度”。为降低上述行动的“恶劣影响”，罗森建议采取下列应对措施：一是在联邦调查局内部成立跨学科、跨地区的外国影响力工作组，专门调查和制裁俄罗斯对美国的“影响力行动”；二是协助外交媒体公司加强平台基础设施建设，提高防御能力；三是加强《外国代理人注册法》应用，增加信息披露透明度；四是对“恶性事件”提起刑事诉讼；五是采用经济制裁等其他手段。

值得关注的是，美国总统特朗普主动对外证实，美国曾于 2018 年对俄罗斯实施网络攻击。特朗普在接受媒体采访时表示，他获悉俄罗斯干预美国选举的情报后，批准了对俄罗斯互联网研究所的攻击行为。美国高级官员证实了此次攻击的有效性，称这次攻击致使该机构服务器被烧毁，俄罗斯联邦通讯社等网站断网长达数日。图 5 - 1 显示了媒体对该事件的报道。此外，美媒披露称，特朗普放宽了之前几届政府对中央情报局在开展网络行动时的诸多限制，赋予其在选择行动种类和目标时具有更大的自由度，使其可协调针对全球至少 12 个国家的网络行动任务，且相关行动无须获得白宫批准。

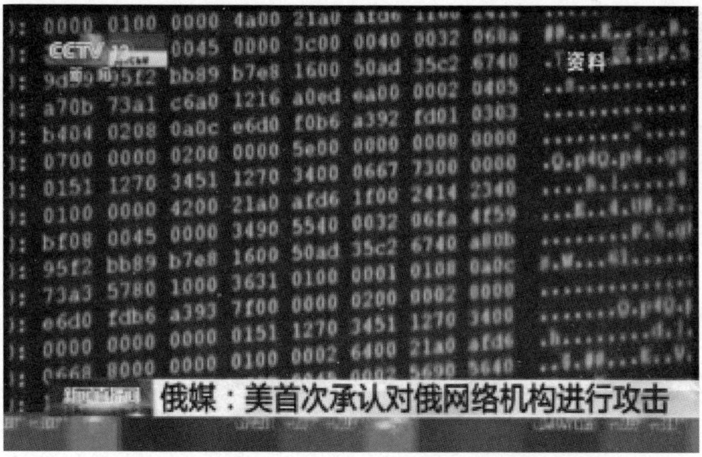

图 5 - 1　美国公开承认对俄罗斯实施网络攻击

媒体评论指出，在实施网络攻击问题上，多数国家往往讳莫如深，但此次美国公开证实对俄罗斯实施网络攻击，不仅将美俄在网络空间的“暗战”公开化，更将网络战这一概念从幕后拉至台前，预示着新网络战时代的开启。另有专家分析认为，特朗普此次承认对俄罗斯实施网络攻击，一方面展现对俄罗斯的强硬立场，摆脱通俄嫌疑，为竞选连任赢得筹码；另一方面显示美国已将网络战作为大国博弈的政策选项。随着美国政府赋予网络战相关部门更大权限，中俄等主要竞争对手面临的网络攻击强度和频次进一步上升，相关重要基础设施的安全防护亟待加强。

威慑通常由三个要素构成：能力、意愿和展现能力与意愿。美国公开网络攻击的举动无疑已经涵盖了这三个基本要素。通过发布调查报告，美国表明自己有能力感知和拦截来自俄罗斯的网络攻击。通过特朗普、罗森等政府高官在各种场合表达对网络空间安全的忧虑，则是对己方威慑意愿的传递，也是对己方能力的展示。可见，美国针对俄罗斯的网络威慑已初具雏形，其目的就是逼迫俄罗斯接受美国主导制定的网络空间国际规则，将俄罗斯纳入现行网络空间国际治理体系。可以预见，今后如果有其他国家对美国在网络空间的绝对优势构成挑战，或对美国的网络空间安全构成直接威胁，那么美国还有可能采取类似的威慑手段。

第二节　美国网络威慑效果分析

美国网络威慑战略的基本逻辑是通过渲染某个竞争对手带来的“重大安全威胁”，为不断扩大自身实力优势和同盟实力优势提供借口，并寻求以攻势主导的网络空间行为提供安全保证。这类战略是在对网络战争手段的破坏性评估缺乏共同认知的前提下，着眼对抗双方可能出现的最坏情况而不是最大概率情况进行应对。为支撑起这类网络威慑战略，必然要求夸大对手的侵略意图，甚至过高估计对手的军事能力，人为制造本国生存面临威胁的危机感。其最终结果是国家网络空间行为趋向侵略性和进攻性，随之带来各种不利影响。

1. 恶化网络安全环境

美国在网络空间以主动进攻保障安全的目的未能达成，其攻势姿态招致多个国家和非国家行为体以及黑客的密集网络攻击。2020 年，美国国务院、财政部、国土安全部、联邦调查局等机构先后针对朝鲜、俄罗斯、伊朗网络攻击行动发布威胁警报。站在美国角度，网络攻击威胁已不再是孤立、偶发的事件，而与地缘冲突、新冠疫情、总统大选等重大现实事件相伴相生。这种横跨传统领域和网络空间的伴生关系趋于常态，反映出美国的竞争对手将网络手段作为国家手段常态化运用的趋势。2020 年 12 月 8 日，美国网络安全公司“火眼”发布声明，该公司遭到疑似国家支持的 APT 组织攻击，用于模拟网络攻击的“红队”渗透测试工具被窃取。有学者对此评价，美国社会尤其是美国军方严重依赖于信息系统，与网络技术不发达的国家相比，美国当前运行的私有和公有信息系统更容易被访问，因此如果美国的“网络报复”引起反报复，那么美国遭受的网络空间损失也会比他国多。2020 年底引发广泛关注的“太阳风”遭网络攻击事件，黑客入侵了美国多家企业和财政部、商务部等多个政府机构，甚至攻入负责管理美国核武器储备的国家核安全局网络，暴露出美国在软件供应链的主导地位背后隐藏的脆弱性。

2. 陷入“囚徒困境”

“囚徒困境”作为博弈论的经典模型，能够精准解释美国网络威慑困境产生的原因。随着网络空间基础性、泛在化的特征日益突出，世界各国对网络安全愈发重视。为慑止可能的网络威胁，可供选择的立场包括坚持防御、主动进攻两种。假定世界主要国家对网络进攻手段的运用均较为谨慎，更多地采取防御性立场，基于此国家间将达成网络空间的信任关系并保持收益的大致平衡，如表 5 - 1 所列。

表 5 - 1　基于防御立场的网络空间均势

B \ A	坚持防御
坚持防御	(5、5)

以 A 代表美国，由于其网络基础设施及数据资源的庞大规模，因此 A 面临着维护网络安全的巨大成本。随着网络空间的作战体系发展成熟，A 认为网络防御的成本要远高于网络进攻，并将网络空间立场转向主动进攻。网络空间的原有均势被打破，如表 5 - 2 所列。

表 5 - 2　A 进攻立场打破网络空间均势

B \ A	坚持防御	主动进攻
坚持防御	(5、5)	(7、1)

网络空间存在威慑对象难明确、威慑门槛难划定、威慑机制难确定等难题。即使 A 能够在一次博弈中通过主动进攻获得最大收益，但是 A 在网络空间面临多个竞争对手和多类威胁主体，由于 A 立场转变产生的负面示范作用，使网络空间脆弱的信任关系被打破，对抗状态将逐步升温，不可避免催生互相进攻的收益之和最差局面。即使考虑到 A 在网络空间的优势地位带来的收益差，在后续的重复博弈中，A 仍将不可避免陷入“囚徒困境”，如表 5 - 3 所列。

表 5-3　重复博弈导致 A 陷入“囚徒困境”

B \ A	坚持防御	主动进攻
坚持防御	（5、5）	（7、1）
主动进攻	（2、6）	（3、3）

为慑阻他国网络进攻威胁，A 将不得不继续创新反击手段、提升进攻烈度，反过来进一步激化网络空间对抗，其结果将是不可避免的网络战，这标志着 A 以主动进攻保安全的网络威慑战略彻底失败。

与现实空间不同的是，网络空间存在“玻璃房效应”，军事实力的绝对优势并不意味着绝对的安全。一国的互联网融入程度越高，对网络空间的依赖越大，在面对网络攻击等安全威胁时的脆弱性就越大。2020 年，美国知名 IT 公司“太阳风”旗下的网络监控软件更新服务器遭黑客入侵并植入恶意代码。2021 年 4 月，美国国家安全局、网络安全与基础设施安全局、联邦调查局联合发布《俄罗斯对外情报局瞄准美国和盟国网络》调查报告，指责俄罗斯是“太阳风”公司供应链遭攻击事件的幕后主使，建议美国所有网络安全利益相关方检查自身网络是否存在危害，并加紧采取应对措施。这类重大网络安全事件，既反映了美国攻势威慑战略的失败，也体现了网络空间特殊性对实施网络威慑带来的挑战。

第三节　霸权主义加剧网络安全风险

美国总统拜登 2021 年 5 月宣布美军将撤离阿富汗，以结束美国历史上最长的海外战争。这是美国试图跳出阿富汗“泥潭”的新一轮尝试，也再次验证了阿富汗“帝国坟场”的威力。社会严重分裂、政府权力孱弱、部落武装横行是阿富汗乱局的典型特征。英国、苏联、美国等大国的扩张性行为，是这一乱局的根源。值得警惕的是，随着部分国家挑起的新一轮“大国竞争”加速向网络空间延伸，网络空间极有可能出现阿富汗式乱局，而全球数字化发展不对称、网络空间广域互联等特点，决定了世界性大国受其影响最深，且一旦陷入将无法脱身。

阿富汗乱局的形成，既有其内生因素，也有外源因素。其中，内生因素主要是阿富汗的地形和社会结构。阿富汗国土的80%都是交通极其不便的山地高原，境内多山塑造了阿富汗特有的社会结构，数百个部落自成体系、相对独立。外源因素主要是英、苏、美等大国的入侵干预，第二次世界大战以来苏联、美国先后围绕阿富汗问题做出错误的战略决策，其入侵行为摧毁了原有的阿富汗国家政权，导致已经迈向现代化改革的阿富汗重回部落自治的“分裂型”社会，而极端宗教势力、部落武装的趁机崛起导致阿富汗无法作为一个国家有效管理。网络空间趋于“阿富汗化”，同样既有内生因素，也有外源因素。其中，内生因素在于网络空间广域互联的复杂结构隐藏了“暗网”等监管盲区，为网络恐怖主义、网络犯罪等提供了生存空间。随着IPv6、物联网、云计算、5G等新兴技术的快速推广应用，网络空间形态日趋多样，网络安全的战场变得日趋复杂。外源因素则是美俄等国家间愈演愈烈的博弈行为对网络安全的脆弱平衡造成的破坏。

一是美国网络霸权激化网络空间分裂。由于美国在网络技术领域具有较大先发优势并较早开展网络基础设施建设，全球互联网大量数据被存储于美国境内服务器中，美国政府长期以互联网管理者自居，控制互联网访问权限，其情报机构和执法部门更利用便利获取情报数据。谷歌、脸书等电信巨头通过数据分析、定向广告投放等手段对他国施加影响，上述行为引发广泛抵制，促使他国强化数字边际意识。俄罗斯在多年筹备的基础上，于2019年5月1日出台《〈俄罗斯联邦通信法〉及〈俄罗斯联邦关于信息、信息技术和信息保护法〉修正案》，外界将之称为《主权互联网法》。《主权互联网法》是一项法案，更是一项安全预防措施。通过立法，俄罗斯政府在境内建设一套独立于国际互联网的“国家互联网基础设施”，并被赋予因“国家安全”原因将该国互联网与全球互联网断开的权力。美俄博弈已经进入“灰色地带”或“混合战争”，网络空间甚至可能成为美俄斗争的主战场。在遭遇敌对国家网络攻击威胁时，《主权互联网法》将以“闭关锁国”方式保障俄罗斯境内的网络安全。网络空间分裂直接反映了国际社会对于如何治理网络空间尚存较大分歧，如果放任这一趋势，那么将导致网络空间国际治理不进反退，对网络空间重大威胁的共同应对能力也将进一步弱化。

二是大国竞争削弱网络空间主权实践。虽然俄罗斯通过立法、断网演习等举措强化网络空间主权，但从全球范围看，网络空间的主权实践正在被削弱，其根本原因在于美国奉行的网络空间“以实力保安全”政策，导致网络空间国家行为更加注重“实力原则”而非“法治原则”。北约成员国及日本、韩国等国家在传统军事同盟框架内，与美国建立网络空间同盟关系，以让渡部分网络空间主权为代价，通过联合训练、联合行动、联合指挥等方式配合美国构建全球网络安全体系，分享美国部分网络技术发展红利。美国则趁机扩展网络空间的权力范围，利用“全球公域”概念压缩新兴大国和发展中国家在网络空间的主权实践，以谋求一种非对称、不均衡的信息流动与治理架构。这种架构的本质，是一种不平等的“中心 + 外围”的依附结构。针对非同盟国家的网络空间，美国积极鼓励本国互联网企业加大“突破封锁”技术的研发与应用，在网络舆情、数字安全等领域挑战他国政府权威，以科技实力削弱国家权力。而网络空间国家主权被削弱最为严重的国家，往往成为网络犯罪、恐怖主义活动最为泛滥的“阿富汗化”国家，并迅速出现“外溢”效应。

三是网络武器易扩散，“代理人”易失控。国家竞争向网络空间的映射，加速了网络空间的军备竞赛。与传统军备或核武器不同，网络武器能复制、易扩散、便于隐藏，这些特殊属性决定了网络武器扩散难以控制。与网络武器的意外扩散相比，国家对非国家行为体网络进攻能力的有意扶植更加危险。网络武器的使用门槛将大大降低，网络黑市的非法买卖和快速传递将加大其扩散的范围，这使得黑客、犯罪团体和恐怖分子获得发起网络空间暴力行动的能力，甚至有能力对主权国家发起网络战。可以预见，在网络攻击溯源技术和国际法责任归属问题没有彻底解决之前，网络战“代理人”模式将继续得到应用和发展。历史上，该模式已有过失败先例，即美国扶植“基地”组织对抗苏联，最终却遭其反噬。由于网络空间广域互联的特殊属性，这一恶果的影响范围将更加难控。

第四节　网络威慑不会使一国更安全，只会使各国更脆弱

网络武器的快速迭代升级日益迫近确保摧毁能力，为基于互毁关系的网络威慑战略铺平了道路。但是，基于互毁关系的网络威慑战略一旦实行，真正的威胁不是敌方的攻击报复，而是网络武器自身。即使是美国这样的头号网络强国，面对网络造成的国家间利益高度内嵌，也难以基于互毁关系的网络威慑战略寻求自身安全。数字时代主要国家面临的网络安全困境，正如殖民时代英国面临的海上安全挑战。地缘战略学者菲利普·霍华德·科洛姆曾将大英帝国比作一个“有血有肉”的机体，心脏和头脑位于英伦海岛，其养分供应地位于印度、澳大利亚和北美等殖民地，各组成部分之间相互依赖。正因为有相互依赖，大英帝国才有其他帝国没有的高度脆弱性。在缺少领土

界限的海上或网络空间，个体安全高度依赖于整体安全，保持海峡通道或网络节点的安全畅通，符合大多数国家的利益。以大规模杀伤能力相威胁，意味着以牺牲整体安全的代价寻求个体安全，最终只能是徒劳。特别是当这种确保摧毁能力容易扩散时，少数国家能力越强，全球网络安全态势就越发脆弱。

——第六章——

网络威慑激化国家间冲突

美国网络威慑战略背后是浓墨重彩的大国网络威胁渲染，这直接反映在其盟友的网络战略中。例如，英国《国家网络战略 2022——全英国共同开创网络未来》报告提出“中俄是英国及其盟友的一致威胁”。这类战略是在对网络战争手段的破坏性评估缺乏共同认知的前提下，着眼对抗双方可能出现的最坏情况而不是最大概率情况进行应对。缺乏共同认知是网络时代与冷战时期不同的典型特征。但是，多国威慑战略奉行冷战思维，不去考察双方“会不会”采取某种行动，而只是从军事能力和武器系统的角度分析对方“能不能”采取某种行动，本国则可以顺理成章地在网络空间采取“先发制人”式攻击。这不仅无法降低网络安全威胁，甚至可能有意或无意间将网络空间导向冲突。

第一节　对威胁来源的主观建构

美国及西方国家对于网络领域重大威胁的来源判断，并非基于现实情况，而是源自话语权的主观建构。尽管在互联网商业化发展早期，互联网带来的安全风险已经成为一个重要的社会问题，但是直到 2009 年，这一问题才迅速成为一个全球热点议题。许多因素推动了网络安全议题的“国际化”进程，包括网络攻击技术和数量的提高、网络恐惧的蔓延、国际重大网络安全事件的发生等。由于在国际话语权、议题设置等方面拥有显著优势，美欧大国对网络安全问题的重视及推动对于全球网络安全议题的形成发挥了显著影响。借鉴西方所熟悉的现实主义国际关系视角，梳理全球网络安全议题的形成轨迹，可以发现“权力”在其中发挥着重要作用，或者说，全球网络安全议题的兴起在很大程度上是相关国家追逐“权力”的结果。

1. 对“中国威胁论”的话语建构

冷战结束后，美国国际政治学者、“进攻性现实主义”的提出者约翰·米尔斯海默预测道“过不了多久，我们会怀念冷战的”，因为没有了清晰可辨识的敌人，也就没有了制定安全政策赖以为基础的目标指向，更没有了区分敌我、团结盟友的共同身份。柏林墙的倒塌和苏联的解体产生了更大的“威胁需求”，因为这类重大威胁对于维持美国及西方的内部团结统一至关重要。为了满足这类需求，美国基于本国学者创建的现实主义国际关系理论，不断在非盟友国家中寻找“合适的国家”并建构威胁语境。

在美国及西方国家看来，“中国威胁”的根本在于中国不断增长的实力，这与中国有无威胁性意图或行为无关。中国的实力是“中国威慑论”话语建构中核心的主题。2008 年美国五角大楼发出名为“智慧女神（Minerva）”的倡议，组织研究美国在 21 世纪面临的安全威胁及应对之道。根据相关研究做出的论断，崛起的中国被列为超过伊拉克、恐怖主义和宗教原教旨主义等其他威胁的“头号威胁”。美国及西方国家对于中国实力的重点关注推动了以中国崛起为背景的权力转移研究，而作为基础支撑的研究范式仍然是基于实力的现实主义范式。根据这一范式，国家间实力的分布是理解国家行为的最主要因素，国家的实力越强，越可能对其他国家的生存构成威胁，而意图并不被纳入该范式的考虑范围之内。这就意味着，美国及西方将无视中国的文化传统、安全战略及对外政策，仅基于中国实力来判断现实威胁，而威胁程度是与实力大小正相关。

“中国黑客攻击”一直是西方媒体渲染“中国威胁论”的重要借口，特别是在美国及西方国家挑动“大国竞争”的背景下，这类攻击抹黑行为愈演愈烈。2013 年 2 月 18 日，美国网络安全公司曼迪安特（Mandiant）发布《APT1：揭露中国网络间谍机构》报告。报告诬称，隶属于中国人民解放军的网络间谍机构在世界范围内攻击了至少 141 家公司及研究机构，窃取了数百太字节的数据。随后西方多家主流媒体纷纷转载该报告内容，并有多家公司声称遭到过中国黑客的入侵，在国际上掀起新一轮炒作“中国黑客威胁”热潮。针对外媒指责，中国外交部发言人在 2 月 19 日例行记者会上回应称，网络攻击是一个全球性问题，出于各种目的就黑客攻击进行无端猜测和指责，既不专业，也不负责，无助于解决该问题。2020 年 9 月 14 日，美国国土安全部网络安全与基础设施安全局和联邦调查局发布联合警报，诬称“中国黑客组织”利用公开漏洞和开源工具，持续针对美国等国家和地区实施网络攻击，目标涉及高科技制造业、建筑、教育、能源、医疗、国防等行业。2024 年 6 月，美国国土安全部又发布《关键基础设施安全和弹性战略指导及国家优先事项（2024—2025）》，将“中国对美关键基础社会构成的网络威胁”列为首要风险，诬称中国具备对美关键基础设施开展网络攻击的能力。

此外，美国多个盟友积极参与炒作“中国威胁论”。2020 年 8 月 27 日，以色列发布《中国的黑暗面：全球网络力量的演变》报告，诬称中国的网络计划比以往任何时候都更加“灵活和激进”，能够攻击和扰乱其经济和军事对手，强调中国正在通过发展网络实力寻求全球的“绝对霸权”。2021 年，澳大利亚议会情报与安全联合委员会主席詹姆斯·帕特森宣称，中国、俄罗斯、朝鲜和伊朗是“对西方民主国家的主要威胁”，强调“中国是澳大利亚最大、最复杂的威胁”，澳大利亚安全机构需要通过立法等必要的工具来应对“中国包括网络攻击在内的各类威胁”。

2024 年，美国继续利用网络安全议题炒作“中国威胁论”。2024 年 2 月 1 日，美国会众议院“中国问题特别委员会”举行“中国对美国国土和国家安全的网络威胁”听证会。随后，多个美盟国家积极加入对华抹黑，如“五眼联盟”国家 2024 年 5 月联合发布《中华人民共和国国家支持背景的黑客正在使用逃避检测技术》预警通报。中国对美国栽赃行径实施了反击，中国国家计算机病毒应急处理中心、计算机病毒防治技术国家工程实验室和 360 数字安全集团共同开展溯源分析，于 2024 年 4 月发布《伏特台风——美国情报机构针对美国国会和纳税人的合谋欺诈行动》。2024 年 7 月、10 月中国国家计算机病毒应急处理中心发布新报告，进一步公开“五眼联盟”国家针对中国、德国等国家实施的网络窃密活动，曝光美国情报机构掩盖自身恶意网络攻击行为、栽赃嫁祸他国的工具包“大理石”。

苏联作为一个能够团结最大多数盟友的军事威胁消失了，但是西方或美国的威胁建构依旧延续。在许多研究者看来，“中国威胁”的关键证据在于军事实力。例如，西方学者出版了一部很有影响的著作《即将到来的与中国的冲突》（*The Coming Gonflict with China*），主要论据就是中国两位数增长的军费支出，即使中国军费投入并不针对任何特定国家，而且与中国庞大的人口规模相比远低于世界领先国家水平。美国国内军工复合体形成后，米尔斯海默的预测更加适用于美国政府特定部门和机构，如美国国防部和情报机构。假如“重大威胁”不复存在了，五角大楼、国家安全局等就很难为它的巨额军费开支找到合理的理由，甚至其攻势行动的合理性都会受到质疑。例如，中国国家计算机病毒应急处理中心 2024 年 4 月发布的《伏特台风——美国情报机构针对美国国会和纳税人的合谋欺诈行动》就揭露了美国情报机构利用毫无事实依据的借口进行无底线抹黑，以换取美国政府拨款的巨大丑闻。但是，这种高度主观性的“中国威胁论”话语建构，推动攻势行动合理化的激进主义路线，并隐含对国家间冲突不可避免的基本判断，其结果是不可避免的国家对抗加剧。

2. 对网络空间的人为阵营化

自全球互联网诞生以来，美国利用其技术优势和资源优势，持续压缩新兴大国和发展中国家在网络空间的主权实践，过度扩展自身在网络空间的管辖范围，以谋求非对称、不均衡的治理架构。这种架构的本质，是一种不平等的“中心 + 外围”的依附结构。美国及西方国家围绕网络空间的竞争和博弈提出了网络地缘政治的概念，这是将传统地缘政治理论向网络领域的生硬延伸。网络地缘政治的核心在于对网络资源的掌控地位转化为现实权力，从而实现对竞争对手的打压和围堵，这集中体现在 2022 年美国纠集多国联合发布的《互联网未来宣言》。

在 2021 年所谓“民主峰会”期间，美国鼓动建立“互联网未来联盟”，由于多方反对而未能实现。2022 年 4 月 28 日，国家安全顾问杰克·沙利文主持主要美盟部长级会议，共同签署《互联网未来宣言》。该宣言的发布，进一步强化了原有依附结构，激化了国家间或国家阵营间的网络空间对抗。美国推动《互联网未来宣言》，就是要配合“新两极化格局”大战略构想，从虚拟空间分裂互联网，在网络空间导演新冷战，辅助打赢对华大战略，维持美国霸权。

《互联网未来宣言》发布时，美国拉拢英国、日本、加拿大、澳大利亚等在内的 60 个“合作伙伴”参加，这基本涵盖了美国在网络领域能够“团结”的大部分国家。该宣言以意识形态划线，煽动互联网对抗，割裂互联网体系，破坏互联网治理规则。重塑西方主导优势，是美国重塑世界互联网战略格局的重要一步。美国试图以此为契机，重塑“世界新秩序”，打造旨在同时遏制中俄的“美欧+中俄”两极化国际格局，世界大变局、大动荡、大改组逼近质变转折点。综合历史经纬分析，该宣言不仅延续了美国在网络领域长期炒作的诸多概念，而且也利用俄乌冲突掀起一轮选边站队。

《互联网未来宣言》核心理念是聚焦大国竞争，关键目标是在网络空间打造服务“新冷战”的联盟体系，主要作用是为美国在网络空间推行攻势主义提供逻辑起点。2020 年被部分学者称为“数字冷战元年”。当年 8 月，在新冠疫情肆虐全球的背景下，美国国务卿蓬佩奥推出“清洁网络计划”。但是，美国“数字冷战”路线存在重大缺陷，即网络空间不仅没有冷战时期泾渭分明的阵营对立，反而呈现你中有我、我中有你的共存共生。该宣言的关键作用之一，就是以单边主义行动强制整合全球互联网治理的对话版图，跳跃式地将传统军事领域的假想敌延伸到数字经济领域。从此，意识形态画线成为美国及西方国家处理网络领域国际关系的指导原则，中俄等未参加《互联网未来宣言》国家成为假想出的敌对阵营，针对中俄的网络攻势行动彻底合理化，且更趋于程序化。图 6-1 显示了美国及美盟国家以《互联网未来宣言》为起点的网络安全决策逻辑。

《互联网未来宣言》提供了美国及西方国家区分共同价值观国家的“标尺”，对复杂的网络领域国家间关系进行简单化、二元化处理，将不可避免导致网络空间呈现类似冷战的阵营对立状态。一方面，该宣言将美国制造全球政治对立、挑动阵营对抗、掀起意识形态冲突等地缘政治做法搬到了网络空间，损害网络领域国家间的互信，加剧网络空间阵营化。另一方面，该宣言源自 2021 年拜登政府炮制的“互联网未来联盟”计划，与拜登上台以来挑动叫嚣“民主与威权”冲突的做法一致，通过打造“共同价值观国家”的小圈子，把美国的竞争对手渲染为共同威胁，将其他国家绑上大国竞争的战车。虽然该宣言本身没有谈及网络威慑政策，但宣言是以网络威慑战略为基础的。美

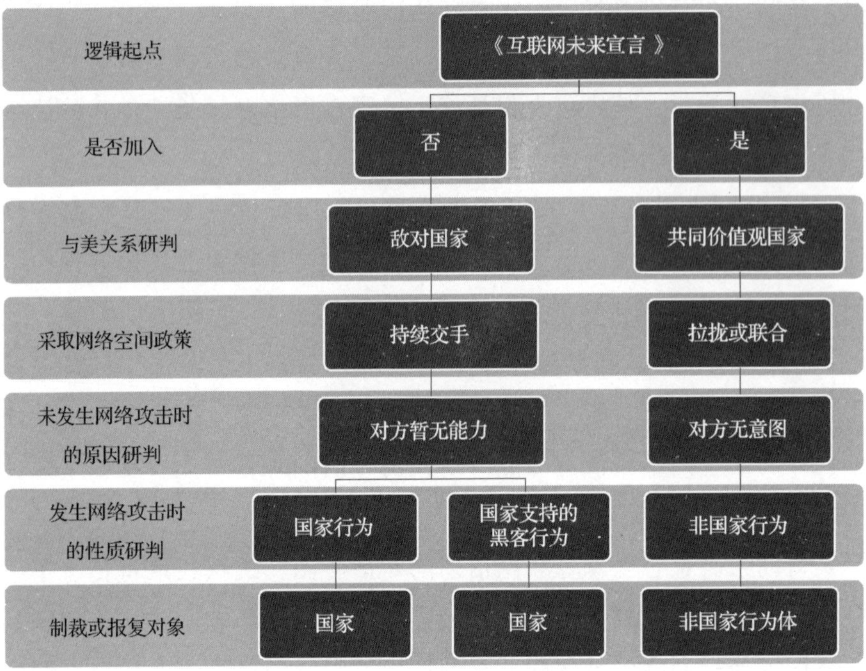

图 6－1　美国及美盟国家以《互联网未来宣言》为起点的网络安全决策逻辑

国仿核威慑战略政策，制定攻势主导的网络威慑政策，在印太地区布局、预置网络战场，强化与澳大利亚、日本、韩国以及印度的网络情报共享同盟体系，向有关国家主动输出攻击性网络技术装备，试图构建印太地区“网络北约”，并降低网络攻击的行动门槛。这些行为已经成为印太地区网络空间冲突的导火线。

第二节　缺乏共同认知的网络威慑行动

国际政治学者罗伯特·杰维斯在其著作《国际政治中的知觉与错误知觉》中提出以下问题：为什么在双方均不希望发生冲突的情景中、在本可以合作的条件下，会发生冲突和争斗，会拒绝合作而走向战争？罗伯特·杰维斯认为，双方都是希望维持现状国家，都不希望发生侵略或冲突，在这种情况下冲突还是发生了，其原因就是决策者的错误认知。具体到网络威慑问题，双方都没有发动侵略和冲突的意图，网络威慑仍走向冲突升级的重要原因就是缺乏对网络战争手段破坏性评估的共同认知。

1. 历史经验：主流威慑是基于破坏能力的降级威慑

作为一种系统的战略理论和主导性军事政策，威慑是随着核武器的出现和冷战的开始而兴起的。在第二次世界大战后，战略研究人员从传统威慑思想中剥离出报复威慑的成分，授之以核武器的手段，提出了以核报复相威胁、阻止对方军事行动的核报复威慑理论。原子弹出现后，人类战争手段分化为泾渭分明的两大谱系，即核武器和常规武器，分别对应着核战争和常规战争。核武器通常被视为典型的报复力量，主要用来惩罚对方，给对方造成巨大损失。常规武器往往被用作拒止工具，主要用来与对方的军事行动相抗衡，使对方的进攻或防御归于无效。美国战略思想家伯纳德·布罗迪得出原子弹慑止战争的结论，包括慑止核战争和慑止常规战争。其威慑关系认知如表 6－1 所列。

表 6－1　核武器、常规武器威慑关系认知

威慑手段	威慑对象	
	核战争	常规战争
核武器	●	●
常规武器	○	●

注：●代表有效威慑，○代表无效威慑

从表 6－1 可以看出，威慑理论是基于破坏能力的降级威慑，即一种军事手段只能慑止破坏性相对较低的战争样式，反之则无效。当一个非核国家动用常规武器威胁一个拥核国家时，即使不遭受对方的核打击，也难免遭受对方常规武器的攻击，此时的威慑行为将带来战争后果。这一基于破坏能力的原则可简要总结为“降级实现威慑，升级诱发战争”。

2. 威慑破局：网络威慑行为可能被视为宣战行为

威慑通常并不是通过军事力量的实际较量结果奏效，而是通过对较量结果的事前判断产生效果。网络武器出现早期，学者普遍认为，网络攻防的破坏性明显低于传统火力打击，不具备升级为国家战争的危险，即对破坏性的排序结果为：核武器 > 常规武器 > 网络武器。基于这一认知得出的早期威慑关系认知如表 6 – 2 所列。

表 6 – 2　网络武器出现早期威慑关系认知

威慑手段	威慑对象		
	核战争	常规战争	网络战争
核武器	●	●	●
常规武器	○	●	●
网络武器	○	○	●

随着网络武器不断发展，开始呈现对国家关键基础设施的破坏能力，如“震网”病毒、“黑暗面”组织网络攻击美国燃油管道运营商事件，部分国家开始将网络空间视为能够决定国家存亡的战场，美国、英国等国家甚至宣称考虑使用核武器对网络攻击行为实施报复。基于发展的眼光，三类武器的破坏性排序转变为：核武器 > 网络武器 > 常规武器。由此，有效威慑关系将发生重大转变，如表 6 – 3 所列。

表 6－3　网络武器成熟时期威慑关系认知

威慑手段	威慑对象		
	核战争	常规战争	网络战争
核武器	●	●	●
常规武器	○	●	○
网络武器	○	●	●

基于“降级实现威慑，升级诱发战争”的基本原则，当认知分别为表 6－2、表 6－3 的两个国家分别制定网络威慑战略并付诸实践时，双方的认知差异将导致威慑战略破局并催生冲突乃至战争，这一风险已经在现实中得以显现。例如，美国前国防部长阿什顿·卡特批评过去三届政府对网络恶意行为的反击力度不够，建议不要局限于以网络手段反击网络攻击。网络攻击行动已经被多个西方国家认同，美国不再是唯一发展网络空间进攻能力的西方国家。英国在 2018 年成立了一支 2000 人的网络空间作战部队，并宣布研发进攻性网络空间武器。法国发布将网络空间主动防御转变为进攻性作战的新战略，宣布增加相关预算，扩大网络空间力量规模。与此同时，北约明确提出将整合、协调成员国的网络空间行动。一方面，西方国家公开宣布将提高对黑客行为的反击力度，隐含网络武器的破坏性已超越常规武器的认知判断；另一方面，西方国家不断降低网络武器使用门槛，甚至已降低到常规武器以下。这种基本认知的不一致性将导致网络威慑破局。

3. 当前挑战：网络威慑的底层概念界定不清

威胁使用军事力量之所以能产生威慑效果，是因为以往实际使用军事力量的后果已证实了它的破坏性，从而能够影响对手的得失评估。即使是核武器这样不能轻易付诸实战的军事力量，在很大程度上也是从实战使用中获取威慑资本的。但是网络武器出现以来，始终处在快速发展变化中，较为一致的认知是网络武器破坏性的潜力巨大且不确定性巨大，但是对其破坏潜力及不确定性的可控程度尚未形成共同认知。因此，对于核武器、常规武器、网络武器的破坏性排序存在极大的模糊性，这直接导致网络威慑的底层概念界定不清。

为实现网络威慑，首先必须明确什么是网络武器、什么样的网络攻击属于战争，但相关概念的界定存在诸多问题，例如网络侦察与网络攻击不易区分、网络攻击的效果难以量化评估、网络军用设施与民用设施无法切割等。在这种模糊条件下，以美国为首的西方网络大国对外奉行网络威慑，又不愿在国际范围内对网络武器的使用进行明确限制。归根结底是美国及西方国家网络攻击能力建设尚未完善，还不足以形成其所期望的压倒性优势，暂时不希望受到国际规则约束。这反过来进一步干扰了对网络武器、网络战争等概念进行清晰界定，缺乏共同认知的网络威慑战略，使得最终的破局难以避免。

第三节　联盟威慑面临的系统效应挑战

美国将联盟视为其霸权地位的重要支柱。自 2012 年奥巴马政府将网络空间列为与陆、海、空、天并列的第五大作战领域后，美国的联盟触角迅速向网络空间延伸。2023 年 3 月，美国新版《国家网络安全战略》出炉，这是五年来美国首份网络安全领域战略文件，明确了其在网络安全领域的优先事项，包括美国建立联盟以打击其数字生态面临的威胁、加强国际合作伙伴的能力、提升美国协助盟友和合作伙伴的能力等。在“大国竞争”战略刺激下，美国网络联盟在支撑其霸权的同时，被进一步赋予国际遏华统一战线的新职能。2023 年 5 月 3 日，美军网络空间司令部司令保罗·中曾根宣称网络空间的竞争、危机和冲突已成为新常态，指责中国带来“步步紧逼的挑战”，强调与盟友合作应对网络威胁的必要性。美国对网络议题采取的泛安全化策略，导致其主导下的网络联盟进入持续扩张状态。目前，美国网络联盟已经从以美国为单一核心、重点围绕网络空间军事议题的简单结构，扩张为具有复杂结构的联盟体系，其中包括在网络领域签订了军事联盟条约的正式联盟、准联盟和安全伙伴关系。从局部视角看，这个复杂结构内部存在多个围绕不同议题的小圈子，以及与美国争权的多个“二级核心”。从宏观视角看，美国网络联盟体系作为一个复杂系统，面临“结果不随意图而来”的系统效应。

1. 安全与权力：美国网络联盟的名与实

美国政治学者阿诺德·沃尔夫斯提出，对一个行为体来说，安全是客观上不存在威胁的状态，以及主观上免于恐惧的感觉。简而言之，安全不仅是一种状态，也是一种心态。由于美国在国际话语权、议题设置方面拥有显著优势，其重视网络安全的程度对于全球网络安全议题的形成发挥了重大影响。同时，网络安全议题的兴起为美国组建并扩张网络联盟提供了“正当性”。冷战时期泾渭分明的阵营对立虽不复存在，美国却仍以维护网络空间集体安全为名打造庞大的联盟。从全球网络安全议题的形成轨迹中可以看出，权力在其中扮演着重要角色，但是权力游戏并非只是大国的特权。在美国网络联盟内部，越来越多的国家和地区开始卷入权力争夺。

1）“安全化”的网络议题为美国组建网络联盟提供正当性

长期以来，炒作网络安全最多的并非是遭受网络威胁最为严重的国家，反而是在全球范围实施网络攻击最多的美国。在描述美国所面临的网络威胁时，“网络‘珍珠港’”“网络‘9·11’”等词语被毫无根据地使用。美国前国家安全局局长迈克·麦康奈尔在《华盛顿邮报》撰文宣称，美国正在打一场网络大战，并正在输掉这场战争。随着中美竞争加剧，网络安全更是成为美国渲染“中国威胁”的高频词，反映出网络安全既是现实问题，又是一种被选择性“安全化”的议题工具。“安全化”源自哥本哈根学派，用于指代一种话语进程。在这个进程中，拥有权威和社会资源的行为体，把某一事务渲染为具有安全威胁、必须优先解决的问题，通过提升“听众”对该种威胁的集体反应和认同，将其贴上“安全”的标签。“安全化”理论具有很强的实践性，不仅为应对危机提供了方法层面的应急方案，而且提供了评估某项政策是否与安全相关的标准。组建网络联盟正是借此成为维护美国国家安全的重要支柱。

如果一类现实问题被定义为安全事务，并作为“存在性威胁”被提出，那么该问题就获得了被优先讨论的重要性，而采取强力应对措施也就相应获得了合理性。通过将网络议题的“安全化”作为逻辑起点，美国在全球范围内划分阵营、建立联盟，一方面寻找对手“提供”共同威胁，另一方面拉拢盟友“应对”共同威胁。2012 年 10 月，总统奥巴马签署了《美国网络行动政策》，在法律上赋予美军进行非传统战争的权力，将网络攻击视为战争行为，明确网络空间是与陆、海、空、天并列的第五大作战领域。在国际层面，网络安全问题进入主要国家间外交议程，主题性国际会议频繁召开，大量区域以及全球性国际组织先后将该问题纳入议程甚至当作优先议题。美国重提所谓大国竞争后，学者李侃如、彼得·辛格撰文指出，在中美双边关系中，没有哪个问题像网络安全一样快速升温，并且在很短的时间内产生了种种摩擦。网络安全议题不仅加深了中国、美国、俄罗斯等大国间的战略猜忌，而且加剧了欧洲、亚太、中东等众多地区的紧张和动荡。

2）美国通过建立联盟谋求权力，中小国家通过加入联盟寻求安全

《2023 年美国国防部网络战略（摘要）》将“与盟友和合作伙伴协同保护网络领域”纳入优先事项，明确美国将联合盟友与合作伙

伴，最大限度地提高“前出狩猎”等网络行动有效性，目的是在网络空间建立持久优势。在对华战略竞争升级态势下，美国越来越把强化联盟与遏制中国联系起来。拜登政府继续推进“印太战略”，颁布的《国家战略报告》和《国防战略报告》，继续把中国作为最主要战略对手。为将已有同盟关系向网络空间延伸，利用网络安全议题围堵打压中国，美国接连推出一系列举措，例如：打造网络版“北约”；组建芯片联盟；在“四国机制”“五眼联盟”和 AUKUS 等机制内组织网络空间联合演习。这种在网络空间划分敌我阵营的“旧冷战路线”，不仅获得英国、日本、澳大利亚等国家支持，还在印度、韩国以及中国台湾获得响应。美国网络联盟的权力底色突出表现在与中国台湾之间关系方面。2023 年 4 月，美国国会两党议员联合提出《台湾网络安全弹性法案》，要求美国国防部扩大与中国台湾之间的网络安全合作，开展网络空间联合演习，提升中国台湾军事基础设施和信息系统安全防护水平，以应对所谓“来自中国的恶意网络活动”。2023 年 5 月，美军网络空间司令部公然提出“主宰网域”的战略目标，并将“伙伴关系”同“人才”“决定性优势”一道，作为美军“主宰网域”的三大核心支撑。这是继“网络空间行动自由”后，美军提出的网络能力新目标，毫不掩饰地表达网络空间战略制定的权力指向。

美国利用网络安全议题，已经基本完成跨大西洋一线、印太一线的网络联盟部署。在欧洲方向，美国利用爱沙尼亚、捷克、波兰等中东欧小国作为战略支点和突破口；在亚洲方向，利用日本和澳大利亚作为支点，并在印太战略支撑下不断尝试将印度拉入美日澳同盟圈。2023 年，菲律宾与美国发布《美菲双边防御指南》，明确两国将联合抵御网络威胁，既包括非国家行为体实施的恶意网络行为，也包括国家行为体实施的有组织网络攻击。选择加入美国网络联盟的中小国家大部分基于维护自身国家安全的需求。例如，2007 年遭受大规模网络攻击后，爱沙尼亚在网络空间迅速靠拢美国。新冠疫情以来，网络犯罪、网络恐怖活动呈高发趋势，这极大加速了欧洲中小国家与美国网络安全合作的深化，其中甚至包括一些传统亲俄国家。2023 年 6 月，美国国民警卫队司令访问塞尔维亚，双方同意加强网络防御、网络战初级指挥人员培训等方面合作。

3）美国对网络议题的“泛安全化”策略与多盟友参与的权力游戏

随着世界格局更迭与国际形势变化，安全问题在国家间交往中受关注的程度愈益加深。当越来越多的国家利用网络议题展开博弈时，网络议题随之趋于“泛安全化”。网络安全的内涵外延不断扩张，导致安全界限模糊不定，牵涉因素越发多样，影响范围越加广泛。例如网络空间的产业链问题，只要是涉及中国的技术及软硬件，均有可能被美西方贴上“影响国家安全”的标签。从权力斗争的角度看，“泛安全化”倾向源自美国对绝对优势的无止境追求。网络空间打破传统地理边界，刺激美国高度强调网络空间绝对优势，而中国则被视为对其优势地位的主要挑战。特朗普上台后，技术民粹主义加速抬头，美国政府随之以维护国家安全为名，在网络空间情报监控、技术封锁、产业链脱钩等方面采取了一系列对华挑衅政策，数字经济沦为其对华遏制的牺牲品。

建立联盟只能弱化而非改变国际社会的无政府状态。美国网络联盟内部并非目标一致、利益统一，而是诸多国家在网络空间的不同利益诉求相互交叠。主权国家为了确保生存与发展，无论国家大小、强弱、贫富，均有自身的利益诉求。网络议题的“泛安全化”赋予其他国家更多话语权，即立足自身需求对网络安全进行解读和界定，从而在美盟体系内部寻求各自的利益攸关者。在美国追逐绝对优势的同时，多个盟友则通过这种方式寻求扩大相对优势，积极参与到权力游戏中。因此，美国试图将自身利益最大化行为产生的排他性，势必激起其他国家采取一定的对抗措施，即在联盟内部搭建本国发挥影响力或话语权的“小圈子”。例如，日本一方面参与北约“国家定制伙伴关系计划”，利用美国等北约国家在网络防御方面的优势，提高日本“主动网络防御”能力；另一方面，日本在北约框架之外，积极推动与欧洲国家的网络安全合作，日本外相2023年5月出席“欧洲—印太会议”，表态希望与欧洲国家就网络安全深化合作。又如，印度与越南签署《面向2030年防务伙伴关系联合愿景声明》，重点关注网络安全、国防工业、联合国维和等领域合作。再如，爱沙尼亚积极寻求扩大在西巴尔干地区影响力，总统阿拉尔·卡里斯访问阿尔巴尼亚，促成与阿尔巴尼亚的网络防御演习，黑山和北马其顿随后加入该演习。值得警惕的是，中国台湾日益娴熟地在美国网络联盟内部展开“网络外交”，寻求主权国家地位“破冰”“试水”。2023年6月，中国台湾借参加伦敦科技周活动之机，与英国科技部、经贸部磋商网络领域合作；乌克兰危机爆发后，台湾频繁利用网络安全议题发声造势，表态将效仿乌克兰，利用西方卫星服务强化其网络韧性。

2. 复杂结构：持续扩张下的美国网络联盟体系

20世纪90年代中后期以来，社会科学研究出现“复杂性转向”。罗伯特·杰维斯将复杂性科学引入国际关系理论，并将“系统”定义为：组成系统的一系列单元或要素相互联系，因而一部分要素及其相互关系的变化会导致系统的其他部分发生变化；系统的整体具有不同于部分的特性和行为状态。系统中的各要素往往有各自的目标，具有不同的行为倾向，并对系统共同施加影响。当一个系统包含多个子系统时，该系统被称为复杂系统。在持续扩张后，美国网络联盟体系已经成为一个复杂系统，其中：美国是其中的主导性要素，目标是维持其全球领导地位；其他国家既是大系统的组成要素，又在各自组建子系统，并通过子系统实现各自目标。

1）正式联盟、准联盟和安全伙伴关系并存

随着美国利用网络联盟在全球勾连，其联盟体系呈现出多种构成形式。其中，居于轴心地位的是网络军事联盟，这是美国与单个国家或一系列国家通过正式军事联盟条约所组成的双边集团或多边集团，如北约框架下的网络空间共同防御关系，以及美国与日本、韩国间的网络行动联合指挥。同时，各类网络空间准联盟、安全伙伴关系与军事联盟共存。在准联盟方面，中国台湾与美国已形成网络空间准联盟。2023 年 5 月 24 日，美国众议院美中战略竞争特别委员会提出旨在强化台军事能力的政策建议，包括协助提升其网络空间军事能力、扩大网络空间联合训练等。中国台湾正极力将这类准联盟关系推广到英国、捷克等“非邦交国”。在安全伙伴关系方面，美军网络国家任务部队指挥官透露，过去三年，该任务部队已经应 20 个国家和地区邀请，执行 47 次“前出狩猎”任务。部分国家虽然尚未加入美盟或准联盟，但已成为美国网络安全伙伴。此外，越南与美国在网络领域互动频繁，但由于越南有着较强的民族主义和战略自主意识，对美军进入本国关键信息基础设施高度不信任，因此与美国尚处于网络安全伙伴关系阶段。

2）网络联盟体系呈现多层级、多中心结构

总的来看，美国网络联盟体系呈现三个特点。一是联盟体系内各国之间不是并列平等关系。美国是联盟体系内的核心要素和最重要行为体，对联盟体系这个大系统及诸多子系统具有影响力。二是网络联盟体系内部存在亲疏不同的层级结构。在美国的认知中，网络军事联盟处于轴心位置，准联盟和安全伙伴关系则处于相对边缘位置，但准联盟和安全伙伴关系的覆盖范围更广，扩张性也更强。三是联盟体系内部出现多个分中心。与地缘空间一样，网络空间的“数缘格局”是由国家实力所决定的，美国综合实力领先，其他国家也各有所长。2020 年，哈佛大学贝尔福科学与国际事务研究中心发布国家网络能力指数排名，排名前十位的国家依次是美国、中国、英国、俄罗斯、荷兰、法国、德国、加拿大、日本和澳大利亚。除中国、俄罗斯外，其他排名靠前的国家均已进入美国网络联盟体系，但是这些国家并不甘于完全居于从属地位，不断利用特定的网络议题发展“小圈子”，提高本国影响力和话语权。例如英国推出与“星链”类似的卫星互联网，其积极推动的全球商业布局致使英国成为美国在该领域的主要竞争对手。

3）网络安全与传统安全问题联动性增强

与封闭式系统相比，与外界互动的开放式系统常常具有更大的复杂性。由于网络空间的数据和信息流通，国家间战略互动跨越了传统的地理界限，开始向“你中有我、我中有你”的方向发展。同时，横跨传统领域和网络空间的伴生关系趋于常态。现实世界重大政治、外交或军事冲突发生时，网络安全事件往往紧随其后。网络攻击不再是孤立、偶发事件，而是国家间传统领域的矛盾问题在网络空间的映射和激化，呈现出网络对抗与现实博弈相伴相生的特点。正如卡赞斯坦在《地区构成的世界》一书中所指出，地区秩序可以塑造政治实践，同时也被政治实践所塑造。传统的军事联盟开始遂行网络任务，网络威胁也开始触发传统领域的联合反击。网络空间不再被视为独立的虚拟空间，并与传统的国家安全和主权密不可分。乌克兰危机爆发后，多个北约国家向乌克兰提供军事援助，包括大量的网络能力支持，如情报共享、安全防护、数据存储等。美国、英国等国家网络攻防力量更是直接参与乌克兰网络行动。虽然乌克兰加入北约的前景未定，但在爱沙尼亚大力鼓动下，乌克兰于 2023 年 5 月 16 日正式加入北约合作网络防御卓越中心，这被视为将乌克兰纳入北约联合防御体系的重大突破。

3. 结果不随意图而来：美国网络联盟威慑面临的系统效应挑战

罗伯特·杰维斯指出，在一个系统中，行为对行为体、其他行为体以及整个系统都有非故意的效应，这意味着人们不能从愿望和期望中推断出结果，反之亦然。系统效应产生的一个重要原因在于，系统的组成要素是“适应性行为体”，会通过学习进而积累经验，通过调整生存策略进而改变环境。同一环境中的不同行为体，既相互支持和合作，又相互制约和竞争，在合作与竞争中推动系统的演进，此过程是充满矛盾、冲突和不确定性的。对于美国网络联盟来说，美国的权力目标是推动其发展演化的重要动力，推动要素间的联动和反馈。但是，美国在影响盟友和对手的同时，也会被盟友和对手影响。因此，美国网络联盟体系扩张的结果，不能仅从美国的愿望和期望中推断出来。

1）联盟威慑本身具有局部冲突扩大化的倾向

联盟威慑具有遏制局部冲突的作用，如德意志帝国通过“德奥同盟”“三皇同盟”和“三国同盟”建立的大陆联盟体系。但是，局部冲突一旦发生，联盟威慑同样具有局部冲突扩大化的倾向，将两个国家间的冲突升级为一个国家与一个军事联盟之间或两个军事联盟之间的冲突。这类危险倾向对于扩张中的军事联盟尤其突出，因为成员国面临的安全威胁各式各样，而共识性的战争红线尚未确立。当前，美国网络联盟威慑正加速全球阵营分化，进一步推动地区形成新的对抗壁垒。2022 年，美军网络空间司令部在“网络旗帜 22”演习基础上，专门组织“网络旗帜 23—1”多国战术演习，澳大利亚、法国、日本、新西兰、韩国、新加坡和英国等多国参演。考虑到“网络旗帜 23—1”演习设计聚焦亚太地区，这就释放出美国将亚太地区可能的网络冲突全球化的危险信号。

2）联盟扩大化后的集体行动能力不增反降

一个系统内资源流动所引发的变化称为反馈，各要素之间的相互反馈决定了系统的特征。因此，认识反馈是理解系统运行方式的关键。反馈有两种类型：正反馈和负反馈。其中，某一方向上的变化所导致的压力增强，会产生同一方向的进一步变化，这称为正反馈；变化激发的作用力抵消了最初的变化，并将系统推回到初始状态，这称为负反馈。正反馈的功能主要是推动系统变化和发展，在国际关系中表现为实力的增长、合作的推进、联系的密切等。负反馈的功能主要是通过调节和制约来维持系统稳定，在国际关系中表现为制衡、均势、防止地区霸权的出现等。随着网络联盟体系扩张，联盟内国家貌似获得越来越多的“志同道合国家”，似乎形成了正反馈。但是，过度扩张导致集体行动能力被虚弱，这实际上就是对联盟威慑的负反馈。

网络联盟的多中心结构不可避免地带来分权。欧洲的主要大国，包括美国重要盟友，坚持从美国互联网巨头那里“收复失地”。例如，法国总统马克龙在网络领域提出不依赖美国的“第三条道路”；德国前总理默克尔提出“数字主权”主张。欧洲将“数字主权”表述为欧洲在数字领域提升领导力和捍卫战略自主的重要途径，体现出欧洲国家对于抓住发展机遇、重振国际地位的强烈期待，这与美国维护霸权地位的目标并不相容。在特朗普政府“美国优先”政策影响下，美欧之间网络安全合作一度遇到较大阻力。拜登政府上台后着手修复与欧洲盟友的关系，但是如果美国依旧集中全力于遏制中国，导致欧洲的利益诉求无法得到体现，那么美欧在网络空间的合作还将面临更多挑战。另外，由于网络安全与传统安全高度联动，美国网络联盟参与国家越多，联盟需要承担的安全责任就越多，既包括已有的地缘冲突风险向网络空间的“倒灌”，也包括高发的网络安全问题向现实空间的“外溢”。韩美两国曾以首脑会谈为契机建立“网络安全战略合作框架”，但是韩国遭受到的网络攻击并未减少，反而导致美国被动卷入朝鲜半岛网络攻防乱局，美国本土网络安全受到波及。即使明确将联盟合作内容局限在网络领域，由于入盟国家的信息化发展程度差距较大，各国网络防护能力甚至存在代差，因此随着美国不断强化盟友间互操作性，入盟国家的网络安全防护将面临“木桶效应”。

3）网络安全的重大威胁有时源自联盟内部

联盟为区分阵营、制定政策提供了重要参照，即“朋友的朋友是我的朋友，朋友的敌人是我的敌人”。但是，过度扩张的美国网络联盟已经丧失了这一功能，甚至可能出现“朋友的朋友是我的敌人，朋友的敌人是我的朋友”的局面。部分中小国家面临的重大网络安全威胁常常来自网络联盟内部。近年来，美国大力加强与伊斯兰世界友好国家的网络安全合作，但中东地区最大的网络乱源正是美国的重要盟友以色列。2023 年，美国与中国台湾首次联合马来西亚，在“全球合作暨训练架构”下举办网络安全培训交流。该架构于 2015 年成立，成员已包括日本、澳大利亚、瑞典以及中国台湾所谓的“邦交国”，其遏华制华的意图明显。但是近年来，与马来西亚频繁爆发网络冲突的国家是以色列。信仰伊斯兰教的马来西亚同巴勒斯坦关系密切，其国内黑客组织多次针对以色列实施“步枪行动”等网络攻击。同样，以色列黑客组织也对马来西亚多次发起网络攻击，2021 年的网络攻击更是迫使马来西亚“国防网络作战中心”发出安全警报。系统是相互联系的，因此决定行为体行为的不仅是自身利益，还包括这个行为体与其他行为体之间的关系。当其他行为体成为“敌人的朋友”或“朋友的敌人”时，外部环境就会改变，出现新的危险或新的机遇，并导致同盟关系或盟约受到影响。

此外，美国利用网络安全问题扩张网络联盟，其自身却是全球最大的网络攻击源头。2010 年，美国利用“震网”病毒攻击破坏伊朗核设施，自小布什政府时期就已开始的网络武器研发计划随之曝光。2013 年，前美国国家安全局雇员斯诺登揭开美国政府在全球范围开展大规模网络监控的内幕。随后，德国、法国、巴西、瑞士等国家纷纷强调建设自己的网络基础设施，规避美国的网络监控，导致美国在全球网络空间的“行动自由”大打折扣。为减少不利影响，美国高举网络联盟的大旗，将提高盟友间互操作性作为新的“遮羞布”。斯诺登事件以来，欧洲国家同美国共同制定所谓“网络空间负责任国家行为标准”，但丝毫未能限制美国的网络监控行为，多个国家被迫采取立法反制措施，例如：德国、法国针对网络数据的跨境存储和使用进行立法规范；越南更新《网络安全法》，强制要求境外科技巨头和电信公司必须在其境内储存用户数据。

4）系统外部因素的快速进化将削弱联盟内部控制力

系统面临的负反馈可能来自系统内部，也可能来自系统外部。在系统演化过程中，经常会出现由于系统外要素的快速进化，导致系统内部的主导性要素相对衰退。在内外两大要素的竞争中，进化较快的一方获得了有利条件，并在未来获得更大的发展；进化较慢的另一方则会陷入资源越来越少、对抗性越来越强的恶性循环中。中国是在美国网络联盟之外的主要崛起要素。中国网信事业蓬勃发展，吸引越来越多国家寻求合作，更多资源向中国聚集。中国提出的网络空间命运共同体理念，高度契合网络空间“你中有我、我中有你”的特点，提供了以合作共赢取代阵营对立的新路线，削弱了美国利用网络安全议题控制盟友的能力。尤其是诸多中小国家开始在联盟内求安全、在联盟外求发展，例如东盟国家在中美之间“两面下注”。

近年来，美国呈现出一类行为模式：每次欧洲主要国家通过反垄断、数据安全立法等法律工具挑战美国，美国就开始强调网络空间的政治属性和意识形态价值，渲染全球网络安全威胁。该行为模式已趋于固化，暴露出美国奉行的现实主义底层逻辑，即国家间的冲突和斗争无法避免，当面对盟友间的权力挑战时，必须以更加尖锐的意识形态对立来转嫁矛盾。这种逻辑会加剧国家为获取霸权或建立均势而不断强化的权力斗争，最终导致更加严重的安全困境。在众多欧洲国家看来，中国是重要的合作伙伴，也是实现全球治理多边主义的关键。2020 年中欧庆祝建交 45 周年，中国与欧洲国家领导人就双边合作多次进行在线会晤，一再表达深化数字经济合作的共同愿望。德国执政党主席候选人默茨强调，对华关系是首要议题，永远不想看到必须在中美之间作选择的情况。欧盟倡导数字主权，中国呼吁尊重网络主权，双方都强调主权国家应在网络空间治理中发挥更大作用。中欧在网络空间的合作多于竞争、共识大于分歧，这将在美国网络联盟这个系统外部产生越来越多的良性战略互动。

第四节　小结

网络安全的内涵和外延比大部分传统安全领域都要丰富，网络时代的国家间依赖与互动关系比历史上任何时候都要复杂。即使美国不断强化网络联盟，其面临的网络安全威胁也并未消失。2022 年至今，美国多次发布网络安全威胁警报，包括俄乌冲突爆发后的俄罗斯大规模网络攻击警告、伊朗黑客针对美国供水和能源设施的攻击警告。在美国或其盟友对俄罗斯、伊朗不断开展网络入侵的背景下，妄图仰仗同盟优势慑止对方反击，几乎是天方夜谭。美国网络空间“前置防御”“持续交手”等恶意行为的示范效应，已经表现为盟友间的网络手段滥用。2021 年，媒体曝光以色列研发的间谍软件被用于跟踪和监听多国政要，包括法国总统马克龙以及沙特阿拉伯外交官等。路透社随后披露，以色列间谍软件至少入侵了 9 名美国国务院工作人员的移动设备。2023 年拜登访越期间，越南黑客多次入侵美国会议员、政策专家以及 CNN 新闻记者手机，试图利用社交网站恶意链接、间谍软件等获取美方内部考虑。此外，勒索软件攻击、网络恐怖主义等全球公害数量暴增，生成式人工智能大幅降低黑客技术的使用门槛，源自非国家行为体的大规模网络安全威胁早已超过传统联盟的应对能力。

作为一个开放的全球系统，网络空间不受传统的国家地理边界限制，网络安全是一个国际问题，需要国际解决方案。面对全球网络安全这样复杂的领域，单纯依靠军事手段，无法解决网络安全问题，更无法简单复制核领域《不扩散核武器条约》、海洋领域《联合国海洋法公约》、气候领域《巴黎气候协定》等成功经验。在系统思维下，世界各国的网络安全是有机的统一体。根据物理学家赫尔曼·哈肯的协同学理论，复杂开放系统中大量子系统的相互作用会产生协同效应。正是顺应这一规律，我国提出网络空间命运共同体理念，在世界各国引起强烈反响。

面对日益激化的网络冲突，各国应充分认清网络安全的系统整体性、有机联系性、内外相关性和动态发展性，摒弃偏执的霸权主义、片面的国家主义和极端的普世主义。通过兼顾各国安全诉求和发展需求，主动减少冲突风险点、扩大利益契合点，在各国日益依赖网络空间的大趋势下，合作锚定一个安全风险整体可控的发展方向。

第七章

网络空间国家关系急需超越传统威慑范式

根据美国中情局前雇员斯诺登披露的“棱镜”等系列监控行动，美国的网络监控属于无差别攻击，目标是全球范围，甚至包括美国盟友。在美国所谓“网络威慑”的镰刀之下，美国针对各类电子邮箱、社交网络、搜索引擎、视频网站、游戏平台、图书文档分享等资源发起网络入侵，没有哪一个国家能独善其身。

随着网络空间技术深刻重塑国际政治的内涵与形态，国际政治从“地缘政治时代”迈向“技术政治时代”。但是，主要国家网络空间战略的制定仍然延续地缘政治思路，以威慑战略为主导，目标聚焦国家对手，对非国家行为体则关注较少。2021 年美国燃油管道商遭遇勒索攻击，技术水平与既往的国家 APT 攻击相似，其破坏能力高度接近于专业的网络战行动。由于传统网络威慑导致的国际关系紧张，在网络犯罪集团、网络恐怖组织等非国家行为体实施网络攻击后，受害国可能因为错误的溯源追责，导致卷入国家间冲突甚至战争。

第一节　日益增长的网络空间依赖性及网络安全脆弱性

网络技术的飞速发展，使得互联网渗透人类生产生活的各个方面，并有力推动社会发展，真正让世界变成了“地球村”。据统计，截至2022年4月，全世界共有53.2亿个移动终端用户，超过50亿人口接入互联网。其中，活跃社交媒体用户达46.5亿人，比2021年增长7.5%，占世界总人口的58.7%，即每10个互联网用户中就有9个访问社交媒体平台。在世界多极化、经济全球化、社会信息化、文化多样化深入发展背景下，网络技术在文明对话中的作用更加凸显。与现实空间不同的是，网络空间存在“玻璃房效应”。“玻璃房效应”是指网络空间“易攻难守”和难以归因的不对称特点，这对维护网络空间安全和战略稳定带来极大挑战。一国的互联网融入程度越高，对网络空间的依赖越大，在面对网络攻击等安全威胁时的脆弱性就越大。

互联网的本质是网络的互联互通，以此为基础实现信息的自由流动和共享，从而促进知识的传播、文化的交流与技术的创新，为人类社会带来前所未有的发展机遇。网络空间是由相互依赖的信息技术基础设施所组成的，无论是操作系统、数据库、系统软件、搜索引擎等各种软件平台，还是CPU芯片、网络交换机、路由器、通信线路等各种硬件设施，以及底层的技术架构、网络协议，都存在难以避免的错误缺陷和难以弥补的技术漏洞，客观上导致了网络空间安全漏洞和弱点隐患的存在。此外，主观上还可以在硬件上留“陷阱”、在软件中开“后门”、在文件里做“手脚”。这些漏洞、“陷阱”和“后门”都可能成为网络入侵的突破口。

网络安全是一个长期演进、发展和变化的过程，随着世界各国对网络空间的依赖性日益增长，新问题也随着新场景、新技术而不断出现。得益于网络技术和信息基础设施的普及，现今网络已经覆盖到世界的各个角落，精通互联网技术的人才也不再是发达国家所独有。网上信息的传递不受国界限制，发达国家和欠发达国家在信息获取的自由度上基本一致。同样，网络攻击也不受国界的限制，任何国家的任何人，都可以通过网络，在任何时间对任何国家的任何联网目标发动攻击。

世界范围内，侵害个人隐私、侵犯知识产权等行为时有发生，网络入侵、数据窃密、勒索攻击等网络犯罪行为及网络恐怖主义活动已经成为全球公害。网络安全的一个特点就是“木桶效应”，无论多么强大完善的系统，只要一个环节出了问题，就可能被攻击者抓住漏洞攻破整个系统。越是庞大复杂的系统，其中的漏洞就越多，没有完美无缺的系统。在信息时代，各个重要行业都要依赖信息化、数字化、网络化管理，即使是防御最严密的网络也拥有成百上千的网络节点、通信线缆和接入终端，任何一个环节都可能成为入侵的渠道。可以说，没有任何一个系统是绝对安全的，特别是对那些网络基础设施严重依赖外国技术和设备的国家来说尤其如此。对于互联网上的服务器来说，即使攻击者无法进入系统内部进行破坏，也可以利用常见的 DDoS 攻击来使服务器的对外收发端口被挤占，从而无法实现正常的信息收发功能。

2020 年，世界经济论坛在《2020 年全球风险报告》中指出，网络犯罪是未来十年全球第二大引人注目的风险。随着全球数字化进程的不断加快，网络犯罪正在以前所未有的速度蓬勃发展起来，甚至形成一条庞大的产业链。据统计，作为全美国 2019 年收入靠前的公司，沃尔玛公司创造了 5140 亿美元的收入，但是网络犯罪产业的体量则达到其 12 倍。

西方发达国家利用网络空间的信息不对称和技术门槛，推动网络霸权和数据霸权，进一步加剧信息壁垒和数字鸿沟。各类黑客组织持续对多国关键信息基础设施、大数据平台和重要信息系统进行数据窃取、入侵渗透和攻击破坏；利用互联网络实施的篡改、诈骗、勒索、恶意植入等网络违法犯罪活动十分猖獗。这些破坏活动以获取政治利益或经济利益为驱动，既阻碍了网络空间的发展，也给世界经济运行以及各国社会稳定和经济发展带来了严重威胁。图 7 – 1 显示的大数据中心成为不可或缺的关键信息基础设施，同时也成为网络攻击的重点目标。

图 7 – 1　大数据中心成为网络攻击目标

近年来，制定国家网络安全战略的国家数量持续增加，从 2020 年的 107 个增加至 2024 年的 132 个，其中有 9 个非洲国家制定了首个网络安全战略，另有多个国家正在修订和更新现有的国家网络安全战略。但是，许多国家将防范应对国家级对手作为网络安全战略的重点。基于全球网络安全态势的新发展，国家级网络攻击代表着网络安全威胁的上限，网络犯罪、网络恐怖主义活动则成为网络安全威胁的常态。由于网络攻击者的隐蔽性和网络武器的隐蔽胜，为应对网络犯罪、网络恐怖主义等“泛在化”网络安全威胁，需要各国跳出传统的网络威慑范式，通过紧密的网络安全合作共同推进网络空间国际治理走深、走实。

第二节　网络武器突破国家对大规模杀伤性武器的垄断

在保有核垄断地位的短暂时期，美国对核武器的灾难性后果并不十分担心，大量政客自信美国能把核垄断保持较长时间，即使垄断被打破，根据攻防互长的规律，美国也能提前研究出对付它的有效防御手段。在美苏都拥有可靠“二次打击能力”的核均势中，相互确保摧毁既是对策性的战略，也是对现实的无奈接受。从核垄断走向核均势，威慑理论随之不断发展，由于全球呈现两极化的稳定结构，相互确保摧毁的威慑关系相对清晰明了。但在网络高度普及的新国际体系中，传统的主权国家由过去的单一实体转变为更复杂的行为体，同时国家内部拥有多种追求不同利益、具备不同能力的次行为体，这就使得国家决策变得难以预测和分析。因此，要判断哪些国家是威慑对象并清晰传达威慑信息，已经比核威慑困难得多。

亲手研制第一颗原子弹的核科学家们预见到原子技术的扩散在所难免，认为原子弹是全人类的共同敌人，立场鲜明地支持实施国际控制。与核武器相比，网络武器更是具有易扩散的内生属性，其危害已充分显现。2021 年 5 月，美国最大成品油管道运营商科洛尼尔遭到勒索软件攻击，5500n mile 输油管被迫停运，成为首个源于非政府、非国家背景组织并造成国家级基础设施破坏的定向攻击事件，其鲜明的技术特征已趋近网络战行动。网络空间行为体众多，难以辨别真正的攻击者。第三方可秘密参与到网络空间冲突中，加剧了网络威慑对象研判的复杂性。一旦非国家行为体掌握网络武器，由于网络空间难以溯源归因的特殊属性，决定了非国家行为体可以在制造巨大破坏的同时隐藏身份甚至转嫁责任。在遭受攻击后，如果迅速采取反击措施，可能会因选定错误目标而引发更多冲突；如果不采取反制措施或延迟采取措施，则将导致威慑的可信度下降，从而刺激更多行为体在网络空间发起攻击。

第三节　从重大勒索攻击事件看非国家行为体的高威胁

2020 年 8 月 5 日，在新冠疫情肆虐全球的背景下，时任美国国务卿蓬佩奥推出“清洁网络计划”，企图以单边主义行动强制整合全球互联网治理的对话版图，跳跃式地将传统军事领域的假想敌延伸到网络空间。美国“清洁网络计划”获得了澳大利亚、加拿大等“五眼联盟”国家的支持，并在印度、巴西、爱沙尼亚、捷克等国家获得响应，导致网络空间的和平路线严重受阻，数字经济合作的机遇期和窗口期迅速收缩。随着“数字冷战”路线的蔓延，应对网络犯罪的全球合作陷入低谷，勒索攻击迎来新一轮爆发。2021 年 3 月、4 月部分勒索攻击事件如表 7－1 所列。

表 7－1　2021 年 3 月、4 月部分勒索攻击事件

序号	时间	勒索对象	犯罪组织	造成影响
1	2021 年 3 月	美国保险巨头 CAN	Phoenix	CAN 公司 IT 系统被勒索软件锁定，大量数据被窃取。CAN 被迫支付 4000 万美元赎金，创下勒索软件赎金金额的新纪录
2	2021 年 4 月	美国哥伦比亚特区大都会警局	Babuk Locker	警局服务器上超过 250GB 数据被窃取，犯罪组织威胁披露敏感警务文件
3	2021 年 4 月	台湾威联通公司 NAS 设备用户	未知	数以千计消费者和中小型企业的存储设备遭入侵并被锁定数据，勒索软件团伙在五天内“赚取”26 万美元赎金
4	2021 年 4 月	苹果公司代工厂	REvil	全球规模最大的笔记本电脑代工商之一台湾广达电脑公司遭入侵，苹果产品数据及设计图被窃取
5	2021 年 4 月	荷兰仓储与运输服务商 Bakker Logistiek	未知	Bakker Logistiek 公司业务网络设备被加密，食品运输与配送体系瘫痪，荷兰多地超市发生食品断货

续表

序号	时间	勒索对象	犯罪组织	造成影响
6	2021 年 4 月	某欧洲制造商旗下两家工厂	未知	某欧洲制造商的工业流程控制服务器遭加密，导致两处生产工厂被迫关停

据 SonicWall 报告称，相比 2020 年上半年，2021 上半年勒索软件攻击数量增长了 151%。攻击规模和频率以惊人的速度增长，复杂性和创新水平不断提高，成为政府、企业、个人最为关注的安全风险之一，也是网络安全最重大威胁之一。2021 年 4 月下旬，拜登政府出台一项提振能源供应体系网络安全的“百日计划”。但紧随而至的网络攻击事件，暴露出美国即使作为网络空间第一军事强国，仍面临网络安全脆弱性问题。

2021 年 5 月 7 日，美国最大成品油管道运营商科洛尼尔管道运输公司（Colonial Pipeline）遭到勒索软件攻击，5500 英里输油管被迫停运，致使美国交通部下属的联邦汽车运输安全管理局发布“区域紧急状态声明”。美国情报部门及网络安全公司调查显示，攻击科洛尼尔公司的是勒索软件团伙“黑暗面（DarkSide）”。该勒索攻击的破坏潜力已经与国家 APT 组织无异。APT 全称是 Advanced Persistent Threat，即高级持续性威胁，代表由具有国家背景的黑客组织实施的针对性极强的恶意网络行动，具有技术复杂、可对基础设施造成操控或破坏的典型特征。2009 年前后，美国利用“震网”病毒感染伊朗纳坦兹核电站主机，并造成核设施损坏，就是一种典型的国家 APT 攻击行为。这表明在网络安全威胁的结构性分析中，非国家行为体的比重将迅速加大，上升为与国家行为体并列的“主变量”。网络安全态势正在发生重大变化，维护网络安全面临新的挑战和机遇。美国燃油管道商遭遇勒索软件攻击是首个由非国家行为体实施的、定向破坏关键基础设施的网络安全事件，宣告网络空间高级别威胁主体的结构性重塑。随着网络犯罪组织 APT 化，如何应对复杂严峻的网络安全威胁，成为包括美国在内的世界各国共同面临的严峻挑战。科洛尼尔公司遭勒索攻击事件以及美国对“黑暗面”组织的剿而不灭，提供了重新凝聚网络空间国际治理共识的有利契机。

1. 勒索软件的进化源于技术创新迭代和国家网络武器扩散的双重诱因

勒索软件历史悠久，早在 1989 年，哈佛学生约瑟夫 · L. 波普就编写了一款勒索软件 AIDS 木马。这是已知的首款勒索软件，该木马程序进入计算机系统，用于监测用户计算机重新启动的次数。一旦重启次数达到 90 次，该木马将隐藏磁盘的多个目录，并导致计算机系统无法启动。此时，屏幕将显示信息，要求用户向指定公司地址邮寄 189 美元以解锁系统。但是直到“暗网”、虚拟货币等技术逐渐成熟，勒索软件攻击这种网络逐利行为才大面积爆发并延续至今。比特币于 2009 年 1 月正式诞生，随后被广泛用于网络勒索攻击中的赎金支付，随着比特币价格暴涨，进一步加剧了这一趋势。当前，国家冲突不断向网络空间映射，加速了网络空间的军备竞赛。在此背景下，勒索软件逐渐与国家网络武器相结合，其入侵能力出现了革命性提升，日益成为网络空间新的重大威胁。例如 2017 年 5 月至 7 月，名为 WannaCry 和 Petya 两款勒索软件在不同国家和地区先后爆发，相比此前传统的勒索攻击手段，它们融合了美国国家安全局 2016 年泄漏的网络工具“永恒之蓝”，能够利用微软视窗系统 Windows 的漏洞获得系统最高权限。因此，这两款软件在技术和构成上具有显著升级，其攻击能力和毁伤效果大幅提升，达到了武器级水准，具备作为网络武器的战略潜力。图 7 – 2 显示了支撑勒索软件持续迭代的一系列关键技术。

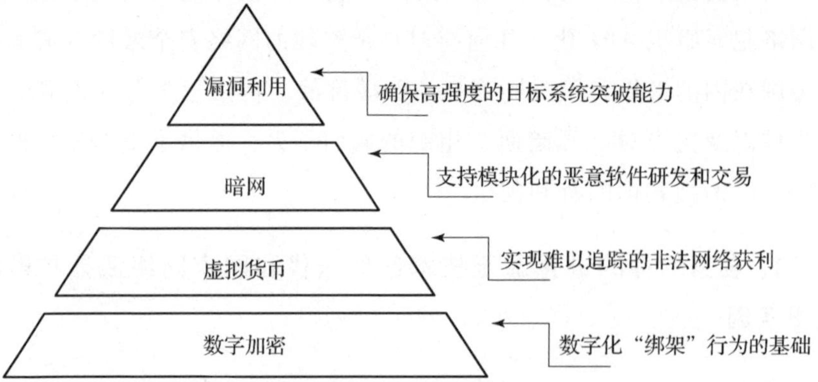

图 7－2　新型勒索软件应用到的关键技术

2. 美国燃油管道商遭勒索攻击的鲜明技术特征已趋近于网络战行动

“黑暗面”对科洛尼尔公司的勒索攻击，是首个非政府、非国家背景组织长期潜伏渗透并定向攻击破坏关键基础设施的事件，具有双重勒索性、攻击过程趋于 APT 化等鲜明特征。双重勒索性是指黑客组织为了确保成功胁迫用户缴纳赎金，除了加密数据外，同时窃取大量重要数据信息，以“若不支付赎金就会公布核心数据”为筹码换取赎金。攻击过程趋于 APT 化是此次勒索攻击事件最为重要的特征，使用了大量渗透测试工具实施漏洞扫描和入侵渗透，并在进入内网后进行横向移动攻击，甚至攻击微软视窗系统 Windows 的域控服务器，企图控制整个企业内网。整个攻击行为的专业化、精准化程度，与既往的国家 APT 攻击过程非常相似，其破坏能力接近于专业的网络战行动。

3. 网络安全威胁结构分析将面临国家、非国家行为体并行的“双主变量”

按照发起者不同，网络安全威胁可以分为三类：一是个体黑客；

二是犯罪集团或恐怖主义组织；三是国家或国家支持的组织。不同主体的网络攻击在生命周期、针对性、技术门槛、经济成本以及造成影响等方面存在较大差异。其中，国家或国家支持的组织发起的网络攻击，针对性强、技术门槛高、影响力大，长期以来被认为是网络安全威胁结构分析的主变量。随着网络空间技术深刻重塑国际政治的内涵与形态，国际政治从“地缘政治时代”迈向“技术政治时代”。但是，主要国家网络空间战略的制定，仍然延续地缘政治聚焦国家对手的思路，对非国家行为体关注较少或未曾关注。2017 年版美国《国家安全战略》将大国竞争定位为国家安全的首要威胁，将中俄列为战略竞争对手。2018 年 4 月，美军网络空间司令部发布新战略——《获取并维持网络空间优势：美国网络空间司令部指挥愿景》，提出“持续交手”的战略概念。该战略的设想是，美国面临的网络空间重大威胁均来自国家对手。随着能力比肩国家的网络犯罪组织出现，这一战略的合理性遭到严重挑战。自此以后，任何国家分析网络安全威胁，都必须高度重视非国家行为体的破坏性影响，全球网络安全威胁结构正式迎来国家、非国家行为体并行的“双主变量”。

“黑暗面”网络犯罪组织活跃已久，在 2020 年度全球勒索攻击统计中位列前十位，并已成功实现产业化运作，建立了包括公关部门在内的组织架构。行业分析认为，“黑暗面”组织位于俄罗斯境内，但由于没有证据表明俄罗斯政府直接参与，因此排除了这是一起国家主导的网络战行动。俄罗斯总统新闻秘书、总统发言人德米特里·佩斯科夫 2021 年 5 月 10 日表示，俄罗斯与美国科洛尼尔公司遭网络攻击事件“没有任何关系”，并重申美俄合作应对网络威胁的重要性。5 月底，网络安全公司“火眼”宣称，“黑暗面”组织已经宣布解散，由于受到美国执法机构的压力，该组织用于开展活动的基础设施已无法访问。网络安全专家同时表示，此类勒索团队宣布解散是非常普遍的操作，有可能在更名后继续活动。2021 年 8 月，“黑暗面”组织疑似更名为“黑暗物质（Black Matter）”，并继续对美国公司发起攻击，已成功实施多起攻击活动。在名为“黑暗物质”的勒索软件中，发现与“黑暗面”勒索软件基本相同的SALSA20加密算法。“黑暗物质”勒索组织在“暗网”上的网站风格也与“黑暗面”类似。

第四节　威慑关系下普通黑客攻击可能诱发国家间战争

由于传统网络威慑导致的国际关系紧张，在网络犯罪集团、网络恐怖组织等非国家行为体实施网络攻击后，受害国可能因为错误的溯源追责而卷入国家间冲突甚至战争。网络的隐蔽性表现在两个方面，即攻击者的隐蔽性和网络武器的隐蔽胜。由于网络的广泛性，发动网络攻击的人可能来自于世界上任何一个角落。而利用网络空间的虚拟性，在网络上活动的人很容易隐藏自己的身份。黑客可以利用所控制的“僵尸网络”将自己伪装成其他IP地址发动攻击，或在侵入敌方系统后抹掉自己的活动痕迹不让对方发觉。即使通过技术手段查到了网络攻击的真实来源，也无法确定这台计算机的真正使用者。网络武器的隐蔽性是指用作武器的病毒和数据资料通常存储在计算机的存储设备中，并不像常规武器那样具有可视化的外形，在未被使用的情况下外界是很难知晓它的存在，即便使用了网络武器，也可以通过技术手段达到隐蔽的效果。

一旦网络威慑被越来越多国家效仿，网络空间始终处于国家间低烈度的对抗状态。随着部分国家具备通过网络破坏基础设施的能力，网络空间可能成为决定国家存亡的战场。更危险的是，非国家行为体掌握这类网络武器，不仅能够对目标国家造成堪比战争的巨大破坏；而且可以隐藏身份甚至转嫁责任，制造因错误溯源归因而升级的战争风险。美国等西方国家奉行进攻的网络空间战略，这一立场在面对态势日趋严峻、主体日趋多样的网络安全威胁时，极有可能被误导甚至利用，甚至导致大国间战争。

网络犯罪集团、网络恐怖组织崛起体现了信息时代非国家行为体被持续赋权的必然趋势，国家安全及国际关系面临新的重大变革。美国燃油管道商遭“黑暗面”勒索攻击事件，是非国家行为体对网络空间扩大影响的缩影。这一趋势将对国家安全及国际关系带来巨大冲击，即网络安全突破国家对传统安全领域的治理维度。在 2011 年《权力大未来》一书中，约瑟夫·奈特别分析了基于网络产生的权力，他认为国家不是网络空间唯一的行为体，权力正在从国家行为体向非国家行为体扩散。在此情况下，国家失去其作为“集体行动的最佳机制”的地位，少数科技巨头所掌控的经济和社会资源几乎可以与国家相匹配，在国家经济中获得了更大的影响力和主导权，并且对现有的政治和社会秩序带来冲击和挑战。网络空间黑客、犯罪集团或恐怖主义组织等非国家行为体对传统国家权力的挑战则更为直接。2014 年，约瑟夫·奈提出了网络空间治理的机制复合体理论，通过建立一个由深度、宽度、组合体和履约度四个维度构成的规范性框架，分别对网络安全的不同议题进行剖析，以确定在特定议题下的主导行为体。

—— 第八章 ——

全球网络空间处在或治或乱的十字路口

在美国及西方国家挑动“大国竞争”，俄乌、巴以、以伊地区冲突延宕不绝的大背景下，地缘政治博弈加速渗透并显著影响全球网络空间安全态势。与此同时，网络空间反作用于主权国家的行为模式，冲击原有的国家安全边界和国际政治生态，这将全球网络空间推到了或治或乱的十字路口。

第一节 大国竞争深刻影响全球网络安全态势

网络空间正在重塑国际关系传统格局。国际关系的现实主义理论认为，以权力界定的利益是引导国家参与国际政治的主要路标，而国家权力包括地理、自然资源、工业能力、人口等物质性要素。新自由主义制度虽然在很大程度上是非物质的，但其作用发挥仍取决于该制度能够提供的物质回报，因此，物质性权力和利益依然是驱动国家行为的主要原因。进入数字时代后，国际关系正在迈入一个新阶段。在1977年出版的《权力与相互依赖》一书中，罗伯特·基欧汉和约瑟夫·奈指出，信息传播成本和时间成本的降低加深了全球相互依赖，而网络空间中信息资源的配置和使用会影响到国际政治的权力关系。

网络空间不会改变国际关系以实力为基础的权力博弈逻辑，它改变的是国家的组织和行动方式以及大国竞争的内容和手段。网络空间为国家间冲突提供了新的渠道和方式，战争与和平之间的界限变得模糊，对国际和平与秩序产生重大威胁，并导致世界重回局部失序的状态。

不加限制的竞争行为将导致网络空间成为消耗国家资源的“泥潭”。有学者将网络空间归为“灰色地带”，这是因为既往网络攻击的破坏性明显低于传统火力打击，不具备升级为国家战争的危险。但在美俄等大国竞争主导下，网络空间始终处于日渐升温的对抗状态，随着部分国家具备通过网络破坏基础设施的能力，网络空间将成为能够决定国家存亡的战场，从而诱发网络军备竞赛。2021 年 5 月，拜登政府公布美国 2022 财年联邦全面预算提案，强调优先考虑应对中国威胁和遏制俄罗斯网络攻击。其中，联邦机构将获得约 98 亿美元网络安全预算，较上一财年增长约 14%；国防部网络安全预算约为 104 亿美元，较上一财年增长约 6%，计划为网络任务部队大幅增加预算。更加危险的是，当网络武器扩散至非国家行为体，由于网络空间难以溯源归因，非国家行为体在实施恶意攻击后，可以隐藏身份甚至转嫁责任。美盟国家鼓吹“前置防御”“持续交手”，网络空间战略凸显进攻立场，这一立场在面对主体日趋多样、破坏性日益严重的网络安全威胁时，极有可能被误导利用，导致网络战争甚至全面战争。届时，网络空间“阿富汗化”将彻底完成并不可逆转，相关国家将深陷其中。

网络空间仍存在成为大国关系“稳定器”的可能。遏制网络空间“阿富汗化”是全世界的共同责任，符合绝大部分国家的利益。作为一个开放的全球系统，网络空间没有物理的国界和地域限制，用户可以以匿名的方式将信息在瞬时从一个终端发送至另一个终端，打破了传统意义上的地理疆域。因此，网络恐怖主义、网络犯罪等成为全球公害，对各个国家主权边界和政府权威均造成不同程度的侵蚀。对其处置应对无法依靠固定疆域范围内的国家治理，必须采取国际共治的方式。即使如美国这样的发达国家，也无法凭一己之力维护本国网络安全。2021 年 6 月 16 日，拜登与普京在日内瓦会晤期间，拜登提出 16 个“禁止攻击”的美国关键基础设施部门和实体，涉及能源、水、医疗等。此外，美国极力倡导网络空间“三不”原则：互不网络攻击核指控系统、互不破坏金融系统的数据完整性、互不在供应链中设置后门。这些原则恰恰反映了美国在网络空间的软肋。但是，“三不”原则即使能够在国家间取得共识，美国核指控系统、金融系统和供应链仍然受到网络犯罪集团、恐怖主义组织等非国家行为体的威胁。只有美盟国家停止将传统军事领域的假想敌延伸到数字领域，采取平等、合作、互信方式共同应对网络恐怖主义或网络犯罪，国际社会良性互动才能迎来最广泛的利益契合面，网络安全也将从消耗国家资源的“泥潭”，转变为大国关系的“稳定器”。

第二节　地区冲突伴生网络安全威胁外溢效应

近年来，地缘政治冲突令网络空间紧张态势加剧。无论是俄乌、巴以还是以伊军事冲突，网络战都成为重要的作战手段。这些网络攻击造成的影响广泛而巨大，波及范围远超出直接交战区。

1. 俄乌冲突相关的网络攻击行动波及多国

由于网络空间打破了传统意义上的地理疆域，国家间网络攻击而引发的局部性甚至全球性危害早已屡见不鲜。为应对俄乌冲突期间网络空间对抗引发的外溢效应，各国及国际组织纷纷提高安全级别。作为冷战结束后俄罗斯最大规模的国际军事行动，俄罗斯特别军事行动带来的网络对抗已经产生明显的外溢效应。北约负责情报和安全的助理秘书长大卫·卡特勒和北约网络威胁分析部门首席分析师丹尼尔·布莱克认为，俄乌冲突爆发后，俄罗斯的网络攻击行动已经对北约国家产生外溢，并由此影响到关键部门的正常运行和民用互联网连接。例如2020年2月24日俄乌冲突爆发时，覆盖乌克兰地区的美国卫星运营商Viasat遭遇网络事件，欧洲多家卫星互联网运营商中断服务，导致数万名卫星网络用户断网。虽然此次网络攻击主要针对乌克兰，但也导致德国、法国、匈牙利、希腊、意大利、波兰等北约国家约1.3万名互联网用户出现网络服务中断，并致使德国等国家数千台风力漩涡机的调制解调器离线。法国太空司令部司令米歇尔·弗里德林少将证实，覆盖欧洲的卫星网络Viasat在遭遇网络攻击后，其成千上万的终端无法运行。图8-1显示了Viasat卫星网络的户外终端。

图8-1 出现服务中断的Viasat卫星网络

一些国家虽然远离欧洲大陆，但仍然对俄乌冲突网络空间对抗引发的外溢效应持高度警惕态度。俄乌冲突爆发后，澳大利亚网络安全中心、美国网络安全和基础设施安全局、新加坡网络安全局等机构纷纷要求国内企业提升网络空间安全防护级别，以保护关键信息基础设施免受干扰和破坏。澳大利亚网络安全中心表示，俄乌冲突爆发后，澳大利亚面临的网络攻击风险正在快速增加。各大运营商要为破坏性恶意软件、勒索软件、鱼叉式网络钓鱼等潜在的网络威胁做好准备。

2022 年 12 月 14 日，卡巴斯基公司发布《重新评估网络战：2022 年的经验教训》报告，全面回顾俄乌冲突以来的网络空间活动。报告指出，俄乌冲突为包括网络犯罪分子和黑客活动分子在内的各方新网络活动创造了“温床”，预期黑客组织将卷入未来所有重大地缘政治冲突；俄乌之间的网络战正在蔓延到邻国并影响大量实体，包括政府机构和私营公司等。报告提出，俄乌冲突将对网络安全行业和整个格局产生持久影响。2023 年 2 月 16 日，谷歌公司发布《战争迷雾：乌克兰冲突如何改变网络威胁格局》报告，指出战争引发了东欧网络犯罪生态系统的显著转变，将对犯罪集团间的协调和全球网络犯罪的规模产生长期影响。

2. 中东乱局在网络空间点燃“第二战场”

2023 年 10 月 7 日，巴勒斯坦伊斯兰抵抗运动对以色列发动军事行动。随着巴以冲突升级，多个黑客组织“选边站队”，对以色列或巴勒斯坦数字基础设施开展网络攻击，在网络空间点燃了“第二战场”。

支持巴勒斯坦的黑客组织包括“孟加拉国神秘团队”（Mysterious Team Bangladesh）、“苏丹匿名者”（Anonymous Sudan）、“巴基斯坦疯狂团队”（Team Insane Pakistan）、“甘诺赛团队”（Ganosecteam）、“摩洛哥黑客网络军”（Moroccan Black Army）、“网络行动联盟”（Cyber Operations Alliances）等。这些黑客组织发起了代号为 OPISRAEL 和 OpIsraelV2 的行动，针对以色列国家电力局、政府网站等实施网络攻击行动。Mysterious Team Bangladesh 入侵了以色列“铁穹”导弹防御系统，攻击了以色列“警报”应用程序，并对以色列媒体“耶路撒冷邮报”网站（Jpost. com）发起攻击，导致该网站瘫痪超过 5 小时。如图 8 - 2 所示，黑客组织 Cyber Avengers 发布一段视频，展示了入侵以色列电网管理系统的过程。

图 8－2　黑客组织 Cyber Avengers 展示入侵以色列电网管理系统过程

支持以色列的黑客组织包括 SilenOne、Garuna Ops 和 Team UCC Ops 以及多个印度黑客组织。其中，印度黑客组织宣称对巴勒斯坦国家银行和电信公司等目标发动了网络攻击，并入侵了哈马斯官方网站。

从卷入巴以冲突的黑客组织博弈情况看，各个黑客组织并非始终“单兵作战”，具有相同利益的组织会相互示好并快速形成“利益团体”。这些组织平时独立行动，但由于巴以冲突期间具有相同的立场站位，从而快速结合扩大攻击力量，如 Anonymous Sudan、Cyber Operations Alliances 等黑客团体。除此之外，很多黑客组织会因为利益诉求临时组建并加入攻击。在中东乱局中，俄罗斯、印度、巴基斯坦、印度尼西亚等多个域外国家的黑客组织参与网络攻击。随着各方黑客组织“站队”，除了交战国境内的网络设施遭攻击外，黑客组织之间的较量会将网络攻击“战火”蔓延至黑客组织所属国家，甚至引发连锁反应，造成大范围网络攻击升级失控。

2025 年 6 月以伊冲突爆发后，双方军事对抗不仅在常规领域展开，还引发了网络攻击的大规模激增。多个黑客组织主动打出民族国家的旗号，如号称亲巴勒斯坦的“Handala Hack Team”，号称隶属伊朗反对派的“Predatory Sparrow”。这些黑客组织分别疑似由伊朗、以色列操控，其打着民族国家幌子的“假旗行动”（False Flag Operation）加剧了地缘冲突扩大风险。

3. 地区冲突拓展民间黑客组织生存空间

俄乌冲突期间，“匿名者”等黑客组织已然成为对俄罗斯网络战的主角，其风头几乎盖过谨慎介入的北约网络军事力量。2022 年 2 月 25 日，“匿名者”宣布开展“俄罗斯行动”，对 300 余个俄政府、媒体和银行网站实施攻击；28 日，该组织宣布启动“威吓普京”网络行动；3 月 10 日，“匿名者”所属“第 65 网络营”宣称获取并将公布俄网络安全公司卡巴斯基的内部源代码；4 月 3 日，“匿名者”曝光俄军 12 万士兵的个人姓名、出生日期、地址、单位和护照号码等隐私信息，并煽动将这些士兵作为“战犯”进行“审判”。在民间黑客组织的积极表现影响下，美国对民间黑客组织的角色定位悄然发生改变，不仅其黑历史被逐渐淡化，而且其挑战俄罗斯的“英雄主义”色彩被不断渲染。

就像恐怖组织最容易在动乱的国家滋生一样，黑客组织最容易在地区冲突的动荡中找到生存空间。黑客行为主义（Hacktivism），泛指因政治目的而产生的网络攻击行为。与普通黑客不同，黑客行为主义者不是为了获取经济利益，而是为了表达并传播某种理念，如所谓自由、平等、无政府等。在鼓动性、传播力和破坏性方面，黑客行为主义一定程度上与恐怖主义类似。在俄乌冲突期间，虽然大量民间黑客组织选边站队，但这作为一种生存策略，无法改变其反权威、反政府的本质。一旦发展壮大，政治化的民间黑客组织容易转向彻底的黑客行为主义。这就像苏阿战争期间美国扶植起大批反苏游击武装，其中就包括后来完全不受美国控制的基地组织和塔利班。随着俄乌冲突久拖不决，黑客行为主义抬头的趋势已经初步显现。如果不及时加以控制，黑客行为主义将在全球范围内成为比肩恐怖主义的重大安全威胁。

第九章

以泛在网络安全威胁应对凝聚国家间共识

2020年2月24日，亚信安全威胁中心正式发布了《亚信安全2019威胁态势分析》报告，显示2019年中国的勒索病毒感染量已经跃居全球榜首，占总数的20%。根据美国联邦调查局在2020年全球信息安全大会（RSA Conference 2020）公布的数据，2013年1月10日至2019年7月11日间，大约有价值1.4亿美元的比特币支付给了勒索软件攻击者，这还不包括遭网络攻击后的恢复成本，仅是纯粹的赎金支付。有专家表示，因勒索软件攻击造成的实际支付赎金必定远超统计数字，因为很多公司对勒索攻击事件严格保密，以防影响股价，所以大量赎金支付情况无法获取到。2021年5月5日，美国国土安全部部长表示，勒索软件在过去一年造成超过3.5亿美元损失，攻击数量比上一年增加了300%以上。

网络空间已经成为国际恐怖主义的主要活动空间，恐怖组织将传统的线下活动转为线上活动，利用网络在全球范围完成宣传、融资、培训、策划和实施恐怖袭击等各类活动。“伊斯兰国”（ISIS）组织的发展、壮大以及在欧洲频繁发动的“独狼式”恐怖袭击，都离不开对网络空间的利用。“伊斯兰国”组织利用社交媒体、视频网站、通信软件以及文档共享网站，如Twitter、Facebook、Telegram、YouTube等，作为传播信息和招募成员的工具，传播极端意识形态。

网络犯罪、网络恐怖活动已经形成泛在网络安全威胁，没有哪个国家能够置身事外、独善其身。由于网络本身具有全球互联和开放性特点，无论主权国家、国际组织还是互联网企业、技术社群或普通公众，都不得不面对网络空间的脆弱性及其带来的风险。随着网络的普及和技术的进步，网络犯罪、网络恐怖活动已成为一个全球性问题，很难在一个或几个国家的力量下彻底解决，唯有加强国际合作，实现全球治理，方能有效应对。值得关注的是，新冠疫情以来，全球网络安全威胁持续加剧，凝聚网络空间全球治理共识已迫在眉睫。

第一节　愈演愈烈的网络犯罪威胁

《2024 年微软数字防御报告》揭示了一个复杂的全球网络安全格局，针对微软客户每天有 6 亿次网络攻击，DDoS 攻击每天达到 4500 次的高峰值。网络犯罪已经不再是单纯的经济犯罪活动，而是开始对整个国家产生影响并转变为现实的国家安全挑战。2025 年初，联合国安全理事会首次就商业间谍软件威胁召开会议，展开讨论。此次会议主题为“商业间谍软件的扩散和滥用，对维护国际和平与安全的影响”，多国同意采取措施，控制商业间谍软件的扩散和滥用。

1. 网络犯罪高发的主要原因

网络犯罪伴随着黑客技术的发展而发展，由于网络犯罪带来的巨大收益，致使黑客对其趋之若鹜，不断探索新的利润扩张途径，致使网络犯罪在全球大规模泛滥并呈高发态势。

一是牟取暴利的绝佳手段。网络犯罪攻击对象往往针对企业机构、政府部门和个人具有重要作用的系统和数据，有些关键敏感数据甚至是企业的经济命脉，一旦泄露或损毁，将造成无法挽回的损失。

此外，受害者还担心其敏感数据被暴露给全世界，面临声誉受损的风险。“黑暗面”黑客组织曾在六个月内获利9000万美元。低成本和高回报率对犯罪分子具有极大的诱惑力，吸引越来越多的网络空间掠夺者蜂拥而至，“暗网”、虚拟货币等技术趋于成熟，助推网络犯罪攻击大面积爆发。

二是黑客技术不断升级。最早的网络犯罪并不复杂，以网络信息窃密或诈骗为主，随后出现锁住用户设备索要赎金，主流方式是以加密用户数据为手段勒索赎金。加密勒索软件已抛弃可被破解的对称加密算法，普遍采用非对称的强加密算法，除非在实现上有漏洞或密钥泄密，否则在没有私钥的情况下，除了付费获得密钥，没有其他解密方法。内部技术的不断迭代，加之网络技术的快速进步，促使网络犯罪能力不断升级。以勒索软件为例，新变种层出不穷，每个变种都添加一些新技术，逃避检测和查杀的能力越来越强。2021年出现的“间歇性加密”技术，能够逃避基于统计分析的加密内容检测。此外，网络犯罪组织经常将服务器搭建在“暗网”，通过“洋葱路由”与受害者进行通信，掩盖了攻击来源。这些新技术的加持使网络犯罪“如虎添翼”，能够以更隐蔽的形式发动更有效的攻击，从而获取更大的收益。

三是攻击目标愈发广泛。网络犯罪攻击日益肆虐，被攻击行业几乎涉及政府部门、教育、医疗卫生、制造、金融、交通、通信等各个领域。从地理区域看，攻击范围扩展至全球，已发生多起全球范围的大规模网络犯罪事件，如WannaCry、NotPetya等勒索软件，攻击范围不再局限于信息化程度较高、网络设施发达的国家和地区，众多信息化水平不高的国家和地区也在所难免。网络犯罪攻击目标则从个人扩展到企业，重点针对大型企业服务器和关键业务系统。网络犯罪针对企业对于软件供应链的管理弱点，通过行业供应链攻击传播，极大程度地增加了入侵成功率和影响面。随着移动互联网的普及，网络犯罪从电脑端蔓延至移动端，利用社交媒体以更隐蔽的方式进行传播，例如通过在推特、微博等网站上分享恶意链接，诱惑受害者点击而实施攻击。

四是“暗网”及数字货币为网络犯罪充当“保护伞”。随着“暗网”的兴起，网络犯罪分子利用“暗网”隐蔽性和匿名性极高的特性，在“暗网”上进行多种交易活动。由于毒品和武器无法通过公开市场进行交易，网络犯罪组织利用“暗网”开展毒品销售、武器和爆炸物买卖。比特币等加密货币在网络犯罪全球大爆发中发挥了重要作用。基于比特币的勒索赎金支付在很大程度上消除了传统赎金支付带来的交易成本及风险。通过数字货币，赎金流转不通过银行或其他受政府管控机构，直接打入指定账号。任何常规的在线支付都不能满足一次转移数百万美元的要求，但数字货币能实现横跨数千英里的大规模付款，且不受金融系统监管。可以说，数字货币的出现为网络犯罪提供了低风险、易操作、便捷性强的交易和变现方式，进一步加速网络犯罪的泛滥。

2. 疫情下全球网络犯罪威胁持续加剧

世界经济论坛在 2020 年 5 月发布全球风险报告，明确将网络安全风险列为新冠疫情带来的全球十大风险。随着疫情在全球范围持续蔓延，网络空间威胁和风险不断增大，突出表现在疫情相关的网络欺诈、勒索病毒等网络安全事件数量激增，针对医疗和公共卫生服务机构、金融和能源等关键信息基础设施的网络攻击保持高位。

一是利用疫情题材进行网络攻击的事件高发。疫情爆发以来，部分黑客组织利用民众对新冠病毒的恐慌情绪和疫情发展的关注，以“新冠病毒”“疫情”等热点信息和内容作为诱饵，传递恶意软件、勒索软件，实施网络钓鱼、数据窃取等网络攻击活动。据网络安全厂商 CheckPoint 监测数据统计，2020 年 4 月以来，与新冠病毒相关的网络攻击数量呈爆发式增长。谷歌公司表示，4 月 6 日至 13 日，每天收到超过1800万封与新冠病毒相关的恶意软件和网络钓鱼电子邮件，每天发现2.4亿封与冠状病毒相关的垃圾邮件。美国国土安全部网络安全和基础设施安全局和英国国家网络安全中心发布公告表示，使用新注册的包含新冠病毒或COVID－19相关文字的域名是疫情中网络诈骗和勒索软件攻击的主要特征。从攻击对象来看，在疫情初期，疫情相关的网络攻击活动目标主要针对中国。据国内多家安全厂商披露，自2020年1月起，“海莲花”“白象”“蔓灵花”等APT组织和黑客团伙利用疫情作为话题对中国政府组织、企业和个人发起攻击。2月下旬后，网络攻击活动紧随疫情发展而蔓延，针对美国、英国、意大利等国家的网络攻击数量迅速激增。图9－1显示了新冠肺炎疫情伴生的网络犯罪活动激增。

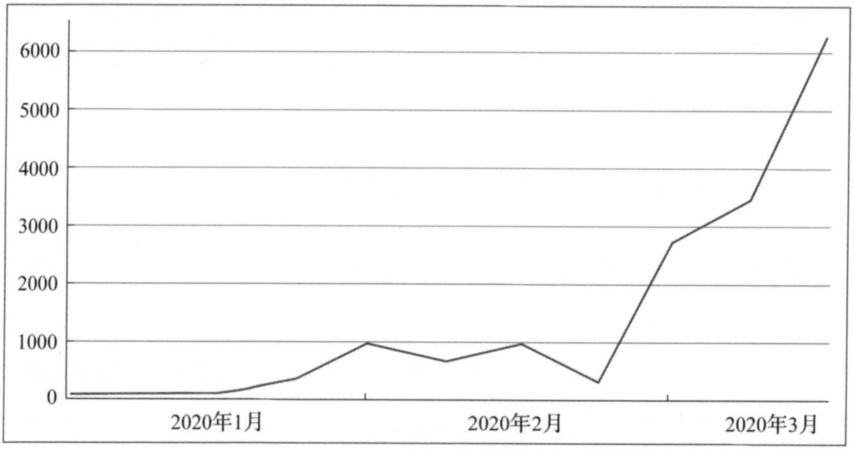

图9－1　新冠疫情伴生网络犯罪活动激增

二是关键信息基础设施是网络攻击主要目标。随着疫情的快速蔓延，全球医疗及公共卫生服务机构、能源等关键信息基础设施频频遭受网络攻击，特别是医疗机构和公共卫生研究部门的网络安全风险急剧攀升。2020年3月13日，捷克布尔诺大学医院就遭受勒索病毒的攻击，导致整个网络被迫关闭，新冠病毒检测结果延迟；15日，美国卫生与公共服务部（Department of Health and Human Services，HHS）

遭遇严重的 DDoS 攻击，该攻击在数小时内通过数百万次的请求访问导致 HHS 服务器超负荷运行，试图破坏国家健康系统的正常运营；23 日，英国哈默史密斯药物研究所遭到 Maze 勒索软件攻击，导致疫苗测试的用户数据被窃取。世界卫生组织于 4 月 23 日表示，疫情期间受到的网络攻击数量高达 2019 年同期的五倍。医疗领域作为抗疫战场的“前线”，一旦受到网络攻击，不仅容易造成个人信息泄露，还可能对抗疫工作的连续性造成严重影响。事实上，医疗机构不是疫情期间关键信息基础设施领域遭受网络攻击的唯一“受害者”。全球多个国家的电力、水务、电信、制造业等领域均在疫情期间遭受了不同程度的网络攻击，而在疫情背景下保障关键信息基础设施安全稳定运行已成为各国政府抗疫的重要工作之一。

第二节　难以根除的网络恐怖活动

网络恐怖主义是恐怖主义与网络空间的融合，是对计算机、网络和存储在其中的信息进行非法攻击和威胁攻击，以恐吓或胁迫政府满足其政治或社会目标。与传统恐怖主义相比，防范和打击网络恐怖主义技术性更强、更复杂。网络恐怖主义把网络空间作为新场所，利用其便捷性、隐蔽性，进行网络恐怖活动，增加了反恐工作难度。网络恐怖活动成为一种新的安全威胁，给防范和打击恐怖主义带来了新的挑战。

1. 网络恐怖活动的现状及发展

近年来，全球恐怖主义形势日益复杂。例如，“伊斯兰国”组织在退回传统恐怖主义形态后，其网络宣传势头有增无减。特别是在新冠疫情期间，社交媒体再次成为恐怖主义传播的重灾区。非洲成为继中东之后又一个恐怖主义“乱源”，重大恐怖袭击事件发生频率并未因疫情而减弱。南亚、东南亚的本土恐怖组织与国际恐怖势力加速合流、重组，不断发展壮大。欧美国家深受国内极端右翼恐怖主义威胁，“白人至上”主义组织、“新纳粹”组织针对少数族裔的袭击在新冠疫情期间愈演愈烈。无论何种形式的恐怖主义，在网络上都能找到生存和发展壮大的空间，网络早已成为各国打击恐怖主义的“主战场”。世界经济论坛发布的《2021 年全球风险评估报告》显示，有58.0%的人认为以新冠疫情为代表的传染病是最严重的风险；有37.8%的人认为恐怖袭击是最严重的风险；有 39.0%的人认为网络安全是最严重的风险。可以说，恐怖主义与网络相融合而带来的风险成为全球安全的最主要威胁之一。

网络恐怖活动的表现形式可划分为两大类：以网络为媒介实行的网络恐怖主义认知战和以网络为攻击目标进行的网络恐怖袭击战。

一是网络恐怖主义认知战。网络恐怖分子充分利用网络开放性的特点，通过自媒体或者网站发布一些恐怖信息，传播暴力视频，散播暴力言论，给人们留下恐怖心理阴影，进而制造社会恐慌和混乱，例如“基地”组织杀害美国人质的视频。恐怖分子还在网络上散布恐怖袭击消息，使一些国家长期笼罩着恐怖袭击的阴云。“9·11”事件后，美国民众时常收到关于恐怖分子策划袭击自由女神像等警报，美国处于战争戒备状态，民众提心吊胆，社会陷入恐慌。此外，恐怖主义组织通过网络宣传恐怖主义精神。本·拉登曾建立“基地”组织网站，在互联网上对“圣战”进行宣传。恐怖分子利用网络空间自由性特点，在网络社交平台上宣传极端思想，招募更多极端思想分子，扩大实施网络恐怖活动的范围。图 9－2 显示了恐怖组织发布的人质“斩首”视频。据外媒报道，2018 年在欧洲刑警组织的要求下，仅 Telegram 就删除了 3276 个与恐怖主义相关的账户，2019 年再次删除了 2096 个账户。

图 9－2　恐怖组织通过网络传播暴力视频

二是网络恐怖袭击战。恐怖主义分子利用网络的互联性和全球性，可以通过占用网络通道阻塞信息运行、瘫痪网络服务。具有较高技术水平的恐怖组织黑客可以入侵重要民生基础设施的网络系统，发动网络恐怖袭击。根据美国联邦调查局的调查，“伊斯兰国”组织曾使用“暗网”进行招募和融资，其支持者将比特币转账至恐怖组织的账户，以实现对恐怖袭击活动的资金支持。2020 年 4 月，英国战略对话研究所的研究人员发现了一个“伊斯兰国”组织的“线上图书馆”。在这个数字资料库中，有 90000 多个类别资料，每月有大概 10000 人次匿名登录访问。这个数据库包含大量恐怖袭击行动的细节以及爆炸物的制造方法等内容，例如发生在 2017 年 5 月 22 日，造成 22 人死亡、59 人受伤的英国曼彻斯特体育场爆炸案实施的内容细节。该资料库的文档包含 9 种语言，相关内容还在不断补充和更新。

网络技术发展正引发恐怖袭击形式的深刻变化。先进的网络信息技术，使恐怖分子实施网络攻击具有很强的隐蔽性。他们隐藏在虚拟世界中，可以是世界上任何一个角落，也可以是信息网络上任何一个节点。网络恐怖组织选择一些隐蔽性较好的网络平台，准备、组织、发动和展示网络恐怖袭击活动，并且利用黑客技术加密交流信息，隐藏 IP 位置信息，改动或删除行踪记录，利用远程控制软件和恶意软件分发技术，进行远程袭击、延时攻击和分布式拒绝服务攻击。

对新技术产生的安全风险进行有效的评估，总是落后于对其开发和应用的步伐。这种情况在与不择手段的恐怖分子博弈中，表现得尤其明显，恐怖分子总是极力寻找技术的漏洞或开发新的技术，从而实现制造更大杀伤效果和引发更严重恐慌的目的。当前，5G 技术的出现极大地促进了物联网的发展，交通、医疗、工业等众多行业将实现自动化和智能化。这种变化在深刻影响人类生活的同时，也会给恐怖组织提供机会。通过侵入网络对智能设备进行控制和攻击，例如攻击医疗设备、无人驾驶汽车、危险行业的智能化设备等，都会直接威胁现实世界人们的生命安全。网络恐怖分子可能在任何时间对任何一个网络目标发动网络恐怖袭击，且行踪难以监测，隐蔽性强，打击处理难度大。

2. 新冠疫情加剧恐怖主义网络传播

新冠疫情使恐怖主义在网络空间的传播速度加剧，扩大了网络恐怖主义活动的空间。网络使恐怖主义与普通人的距离越来越近。从 2020 年开始，新冠肺炎疫情的暴发和不同程度的封锁，使人们的社交从现实空间转移至网络空间，网络社交媒体活跃程度远高于以往，这为网络恐怖主义活动提供了更多的机会。同时，新冠疫情蔓延的失控和西方国家政府较差的处置能力，使国内的底层群体有一种“被抛弃”的失落感，再加上经济衰退产生的影响，在网络上表达愤怒和不安成为特定群体宣泄不满的主要方式。这种情绪正在被恐怖组织捕捉并加以利用。

一是利用网络造谣歪曲事实、发表不实言论。恐怖组织和恐怖分子不断制造关于新冠疫情起源的阴谋言论。2020 年 3 月，“伊斯兰国”将病毒描述为“真主发出的折磨”，宣称这是上天对异教徒的惩罚，且病毒完全听从于真主的命令而发作，并呼吁人们及时“忏悔”，可以进入“伊斯兰国”组织“避难”。塔利班组织声称，新冠疫情是上帝为回应“不服从”和“人类的罪孽”而发送的。索马里“青年党”则声称，该病毒是“十字军”在索马里蓄意传播的。恐怖组织还利用西方大国抗疫不力带来的人民生命安全灾难，宣扬“伊斯兰国”组织抗疫的有效性，吸引和招募人员。英国战略对话研究所数字分析部门对相关伊斯兰恐怖分子在线语音的分析表明，恐怖组织将新冠疫情武器化，传播关于在伊斯兰法律基础上建立伊斯兰国家的“革命故事”，以及“圣战”是对异教徒采取宗教暴力的责任。“基地”组织叙利亚分支“努斯拉阵线”将新冠疫情视为世界末日的预兆，带来“政治和经济崩溃”，给他们的事业带来地缘政治机会。“基地”组织和“伊斯兰国”组织利用网络等媒体宣传，煽动西方非穆斯林人士皈依伊斯兰教。新冠疫情的短期影响之一是恐怖组织获得越来越多的网络受众。

二是利用网络鼓动、策划实施恐怖活动。恐怖组织通过网络鼓动其追随者把新冠病毒作为生化武器，故意进行传播。2020 年 11 月，联合国区域间犯罪和司法研究所所长安东尼亚·玛丽·德梅奥在题为《阻止造谣病毒》（*Stop the Virus of Disinformation*）的报告中写道，恐怖分子、暴力极端分子和有组织犯罪集团正试图利用新冠病毒，削弱各国政府应对措施的效力和可信度。同样令人震惊的是，一些恐怖分子和暴力极端分子团体试图滥用社交媒体，煽动潜在的恐怖分子故意传播新冠病毒，并将其用做一种简易的生化武器。恐怖组织和恐怖分子通过网络号召利用疫情发动恐怖袭击活动。据英国《每日邮报》报道，恐怖组织在 2020 年 8 月给内部成员发布的简报中呼吁，成员要“趁着疫情期间各国军事力量薄弱，赶紧展开全球恐怖袭击”，还在发布的视频中呼吁潜在的“圣战分子”发动恐怖袭击。据相关报道，“伊斯兰国”组织通过网络向其在世界各地的分支机构发出行动信号，宣传即使新冠病毒不断蔓延，他们的全球战争也仍将继续。

三是利用网络发展恐怖组织、筹集经费。青少年逐渐成为恐怖组织拉拢扩充的目标人群。新冠肺炎疫情造成学校停课，学生居家上网课，这成为恐怖组织进行恐怖主义和极端主义宣传、吸引和招募加入其组织的机会。尽管“暗网”在隐私和弹性方面具有优势，但利用其进行传播扩散的范围有限，恐怖分子更喜欢公开网络的可见性，通过公开网站的各种链接、广告、图片等吸引人们的视线，尽可能不放过任何一个感兴趣或存有好奇心的人们。同时，随着“暗网”和数字加密等封闭通信技术的迅速发展，恐怖组织迅速适应和利用这些发展变化，以便于开展筹资、招募、宣传及获得武器。“伊斯兰国”组织技术及战术更为激进，通过各种方式筹措资金，重建组织。根据2020年欧洲刑警组织发布的《欧盟恐怖主义形势及趋势报告》（*European Union Terrorism Situation and Trend Report*），“伊斯兰国”组织及其支持者和右翼极端分子跨境在线交流呈上升趋势，英语已成为他们在线沟通交流的通用语言，从而利用互联网进行多角度多平台的密集宣传和筹集资金。

四是欧美发达国家成为网络恐怖主义乱源。欧美国家以“白人至上”为代表的极端右翼势力，在疫情期间也异常活跃于网络空间。极端群体不断在网络上传播阴谋论、宣扬种族仇恨、呼吁暴力，甚至美国的极端右翼分子在社交媒体上将暴力行为变得“游戏化”，即“玩家”可以通过攻击执法人员、穆斯林、犹太人和黑人，以获取积分。根据英国战略对话研究所2020年6月发布的报告《仇恨的安全空间：Telegram上的白人至上主义动员》（*A Safe Space to Hate: White Supremacist Mobilisation on Telegram*），仅在2020年3月，社交软件Telegram上有关“白人至上”的频道增加了6000多个用户，在225个有关“白人至上”的频道中有超过100万个帖子包含极端主义意识形态信息，美化恐怖主义并妖魔化少数族裔群体。2020年4月

17 日，美国国土安全部网络安全与基础设施安全局发布全国性警报："尽管目前没有迫在眉睫或切实的威胁，但是网络上旨在利用当下局势煽动暴力或仇恨言论的情况呈增加态势。由于新冠疫情引发的隔离、裁员、失业等不利后果，对每个人造成巨大压力，从而将导致袭击行为增加。"

第三节　构建网络空间"良序"的必要共识

当前网络犯罪、网络恐怖活动规模之大史无前例，深刻颠覆了人们对于网络安全的固有自信，包括美国在内的主权国家陷入疲于应付的被动局面，无疑是对全球网络安全信心的重大打击。网络空间迎来危机四伏、巧取豪夺的丛林世界，全球网络安全治理开始警钟长鸣。对各国政府而言，虽然可以动用技术、司法乃至军事手段打击网络犯罪和网络恐怖活动，但没有一个国家有能力独立解决这类威胁，跨国网络安全合作已经迫在眉睫。

1. 应对网络安全威胁需要依靠国际合作

网络犯罪、网络恐怖活动具有跨国性和全球性，是全球化的产物。绝大多数网络攻击行为是由境外计算机系统实施的，因此，消除边界壁垒、加强国际合作是打击网络犯罪、网络恐怖活动的必要措施。各国应积极开展国际交流协商，特别是要加强有大国、地区重点国家参与的反恐合作。要充分认识到网络犯罪、网络恐怖活动的巨大危害和潜在威胁，不断推进以提高打击效率、增强防范能力、维护网络空间安全为目的的更深层次的务实合作。要坚决反对在网络安全问题上的双重标准，逐步提高法律之间的适应性与对接性，在达成共识的基础上签订合作协议。要构建互信、统一、透明的国际合作规则体系，建立情报共享、标准统一、快速反应、协同高效的务实合作机制，从源头上切断网络犯罪、网络恐怖活动的资金获取渠道和信息传递渠道，共同构筑安全共享的国际网络空间秩序。

2. 霸权主义与贫富分化是网络威胁泛滥的深层原因

网络空间为世界各国发展提供了巨大机遇，同时也面临网络犯罪和网络恐怖活动泛滥的问题。网络安全威胁之所以除而不绝，深层原因是网络犯罪、网络恐怖活动形成的“土壤”难以铲除。首先，经济全球化带来发展不平衡问题，南北贫富差距拉大，不少地区成为“经济洼地”，个别民众铤而走险，成为网络犯罪新生力量，从而滋生网络犯罪组织。其次，某些国家大搞霸权主义和强权政治，带来国际社会秩序不公平不合理、国际社会价值观冲突等问题，并加剧众多欠发达国家的贫困水平与民族主义情绪，助长国际恐怖主义的滋长，甚至沦为网络恐怖活动的策源地。因此，应对网络犯罪和网络恐怖活动，必须消除霸权主义、贫富分化导致的“网络安全鸿沟”。发达国家应继续加强对落后国家和地区在数字经济方面的援助，努力填平网络安全的“洼地”，最终实现网络空间的共同发展，以发展促安全。同时，发达国家应摒弃“小团体主义”，兼顾其他国家安全诉求，坚持在联合国框架内共同开展网络犯罪、网络恐怖活动的全球治理合作，在确保发展中国家网络空间主权的前提下，凝聚共识，强化网络安全风险防范，在更深层次的网络空间治理中谋求合作。

3. 正视网络军备竞赛对泛在网络安全威胁的加持作用

长期以来，美国一直占据全球网络空间绝对优势地位，并自诩为全球网络空间安全的“卫道士”。从奥巴马总统开始，美国逐步建构起针对中国、俄罗斯等国家的网络威慑战略。但是，美国在网络军备竞赛中的一马当先，并没有真正实现网络安全，甚至没有降低美国遭遇网络攻击的可能性。2017 年 5 月，WannaCry 勒索软件席卷全球，锁死数万台电脑数据文件。短短几日内，英国、美国、中国、俄罗斯、西班牙和意大利等150 余国家相继遭到攻击。WannaCry 勒索软件使用了网络武器载具“永恒之蓝”，这是泄露自美国国家安全局的武器级黑客工具。路透社报道，黑客组织“影子经纪人”窃取并公开美国国家安全局武器库，出售针对浏览器、路由器和手机的黑客工具。失控的美国国家安全局网络武器，沦为犯罪分子“网络军火供应商”，成为全球性公害源头，进一步加剧全球网络空间失序失控风险。在越来越复杂的全球一体化网络空间中，谁也无法独善其身，任何国家都不可能通过构建自身优势而置身事外。这类事件进一步暴露美国网络安全战略的根本性错误。从针对伊朗核设施的“震网”病毒攻击，到斯诺登曝光的“棱镜”计划，美国热衷于全球监控，研发各种网络武器，不断将网络空间推向对抗，破坏了国与国之间的信任与合作，大幅提升了包括美国在内的世界各国遭遇网络攻击的危险性。

4. 认清网络空间命运共同体的客观现实与要求

网络化与信息化水平的不断提高，创造出一个一荣俱荣、一损俱损的共享空间，使各国间的交往程度进一步深化。网络空间以互联网为载体，以网络技术的广泛运用为基础，通过人们在网络空间的交往实践，将世界有机地联系起来。网络空间突破了时间和空间的双重束缚，实现了各国交流的零距离，人类地球村的构想在互联网的作用下变成了现实。网络空间的不断拓展，将网络用户纳入共同的利益环境中，形成了利益共同体。网络空间也将网络行为主体纳入共同的责任体系中，形成了治理网络空间的责任共同体。在网络世界中，面对网络安全的威胁，任何一个国家都不能独善其身。因此，各国要选择同舟共济而非以邻为壑，坚持合作共赢，坚决摒弃“冷战”思维和“零和博弈”思维。

全球网络安全治理问题异常复杂，只有走一条合作安全、发展安全的网络空间治理之路，才能共同维护好网络空间安全。打造网络空间命运共同体是解决全球网络空间治理失灵的有效方案，需要世界各国携手共同推动网络化和数字化发展，共同反对网络空间的“军备竞赛”，共同遏制网络技术滥用，反对网络入侵、监听、窃密和破坏行径，鼓励和引导各国不断加强交流与合作，推动和制定各方普遍接受的网络空间治理规则，制定网络安全标准，对网络恐怖活动和网络犯罪行为进行共同打击，共同维护好网络空间的和平与安全。

第十章

基于漏洞管理的网络安全合作路径探析

在网络安全领域，漏洞通常被攻击方视为“撒手锏”武器，又被防守方当作“万恶之源”。漏洞本身虽然不产生危害，但一旦被利用，极有可能造成严重的威胁和损害。国际标准化组织（International Organization for Standardization，ISO）和国际电工委员会（International Electrotechnical Commission，IEC）联合发布的《信息安全控制实践指南》(ISO/IEC 27002) 将漏洞（Vulnerability）定义为一个或多个威胁可以利用的一个或一组资产的弱点。美国国家标准与技术研究院(National Institute of Standards and Technology，NIST) 开发的“通用漏洞评分系统”(Common Vulnerability Scoring System，CVSS) 将漏洞定义为软件或硬件组件中的弱点或缺陷。我国2010年发布的国家标准《信息安全技术术语》（GB/T 25069—2010）将传统意义上的漏洞定义为“脆弱性”，表示资产中能被威胁所利用的弱点。国家标准《信息安全技术 安全漏洞等级划分指南》(GB/T 30279—2013) 将漏洞定义为计算机信息系统在需求、设计、实现、配置、运行等过程中有意或无意产生的缺陷。这些缺陷以不同形式存在于计算机信息系统的各个层次和环节之中，一旦被恶意主体所利用，就会对计算机信息系统的安全造成损害，从而影响计算机信息系统的正常运行。

漏洞是在硬件、软件、协议的具体实现或系统安全策略上存在的缺陷，从而使攻击者能够在未授权的情况下访问、破坏或控制目标系统。网络攻击成功最根本的原因在于系统本身存在安全漏洞。从技术层面看，漏洞本身无法根除。一方面，漏洞是动态的，软硬件迭代会不断产生新的漏洞。漏洞的开发利用频繁发生，且相对廉价快速。漏洞众测平台 HackerOne 于 2018 年发布报告显示，全球共有超过 16.6 万名注册黑客，他们提交了 7.2 万个漏洞，其中 70% 都属于在网络上非常容易找到的漏洞。到 2019 年，有 30 万注册黑客向 HackerOne 报告了 10 万个漏洞，其中 73% 属于比较容易找到的漏洞。另一方面，漏洞的整体消除周期过长。大量漏洞长期暴露且没有得到及时有效的处置，导致新发现的漏洞与未消除的漏洞不断累加，网络安全风险进一步叠加。

当前，全球网络中的安全漏洞数量快速增长，危险级别不断提升。利用安全漏洞绕过安全保护措施，已经成为实施网络攻击、网络间谍或网络破坏活动的高效方法。简言之，漏洞管理成为网络安全合作的关键抓手。

第一节　漏洞管理国际合作的现实需求

近年来，随着信息技术的快速迭代发展，漏洞的发展变化给漏洞管理带来了新的挑战。无论是出于国家安全考虑和国家发展需要，还是有效应对国际竞争隐含的网络冲突风险，都需要国际合作推进漏洞管理。

1. 漏洞管理涉及网络安全的全球生态建设

网络安全是一个系统性问题，任何一个环节出现错误都会导致整个系统出现问题，因此漏洞管理应该从系统的整个生命周期（系统需求、系统设计、编码、测试以及运维等）去考虑。

第一，漏洞的来源具有跨国性。当今世界，几乎所有的涉及国计民生的关键基础设施对信息通信技术（Information and Communication Technology，ICT）的依赖程度越来越高。而ICT供应链最突出的特点是通过高度分散的全球供应链实现产品的开发、集成和交付，每个环节都有可能被篡改或控制。

第二，漏洞的官方披露滞后。大量漏洞在官方披露之前已经被社交媒体和黑市讨论议价。新闻站点、博客、社交媒体以及“暗网”和犯罪论坛经常比美国国家标准与技术研究院统管的信息平台更快地公布漏洞。威胁情报公司Recorded Future表示，从2015年到2017年，有四分之一的软件漏洞讨论都是首先出现在社交媒体网站上，然后社交媒体上讨论近90天后才能收录在美国国家数据库中。5%的漏洞在被美国国家漏洞库收录之前，“暗网”已开始售卖相关漏洞利用的黑客工具。非官方与官方漏洞披露的错位，导致漏洞威胁信息不对称，使得未能及时掌握漏洞信息的政府机构、企业、厂商和个人面临重大安全风险。

第三，开源软件漏洞的修复困难。随着“大智移云链”等新兴技术的广泛应用，开源软件的支撑作用越发明显。几乎所有的商业软件代码库都包含开源共享代码。由于开源软件的规模庞大、漏洞频发、引用关系复杂等特点，给应用系统的安全处置带来很大挑战。同时，漏洞修复和版本升级需要投入大量的开发和测试工作量，部分开源软件没有安全版本可用，对漏洞处置方案提出更高的要求。

随着漏洞总数持续走高，高危漏洞层出不穷。同时，资产管理责任难以界定导致漏洞修复工作推动困难、漏洞评估缺乏人员支撑。虽然有多种技术方案可供选择，但通用解决方案难以有效适应不断出现的新业务场景。这表明关乎网络安全生态的漏洞管理需要新的解决思路，即通过跨国合作及早应对，防止源自漏洞的网络安全威胁从一国境内蔓延至全球范围。

2. 漏洞武器化成为网络空间和平的重大威胁

在国际层面，漏洞已经成为国家的战略资源参与到国家间的竞争中。不同类型的漏洞获取，意味着取得不同等级的系统控制权和数据安全风险，并且随着网络漏洞的武器化，很多网络安全维护措施可能失去效用。

美国利用信息技术及产品在全球的垄断地位，实现了对全球漏洞的掌控。美国政府可通过美国国家漏洞数据库（National Vulnerability Database，NVD）面向全球收集漏洞，Microsoft、Cisco、Apple、Adobe等全球主要软硬件厂商的产品漏洞都在美国国家漏洞库的掌握之中。同时，美国通过“出口限制禁令”限制零日漏洞及其相关产品流出美国。2015 年美国《瓦森纳协定》的新出口限制禁令，将未公开的软件漏洞视为潜在武器进行限制和监管。禁令规定，在未经特别许可的情况下，禁止在美国、英国、加拿大、澳大利亚和新西兰等国家之外销售零日漏洞技术及相关产品。美国利用漏洞已经获取网络空间军事优势，仍坚持积极推行“前置防御”“持续交手”战略，网络世界面临浓重的战争阴影。国际社会需要建立一种国际机制，有效抵消漏洞武器化的效果，并约束大国的恶意网络行为。

所幸的是，限制和消除漏洞武器化已经成为国际共识。2015 年联合国信息安全政府专家组报告达成了 11 项自愿的非约束性负责任国家行为规范。其中，第 10 项指出，“各国应鼓励负责任的报道信息通信技术的脆弱性，分享有关这种脆弱性的现有补救办法的相关资料，以限制并可能消除信息通信技术和依赖信息通信技术的基础设施所面临的潜在威胁”。在本届联合国信息安全开放式工作组（Open - ended Working Group on Information and Communication Technologies，OEWG）中，关于负责任行为规范议题，有多国提议“进一步确保信息通信技术供应链的完整性，对在信息通信技术产品中创造有害的隐藏功能表示关切，并有责任在发现重大漏洞时通知用户”。关于能力建设，也有建议提出“建立有相关利益攸关方参与的国家协调机构，以评估方案的有效性，可有助于国家处理信息通信技术安全问题”。

可以看到，无论是出于对关键基础设施保护或信息保护目的，还是国家安全战略的需求，漏洞管理关系着整个网络空间的和平与稳定，也必将成为各国参与网络安全合作的重要动力。

3. 漏洞管理或将成为未来网络军控的突破口

网络武器和网络攻击的出现，刺激了新的军备竞赛。长期以来，学者将网络武器与核武器进行类比，但在扩散性方面，网络武器展现出更严重的安全威胁。早在 2013 年，联合国裁军研究所的调查显示，已有 47 个国家组建了网络战部队，组建非军方网络安全机构的国家达到了 67 个。越来越多的国家卷入网络军备竞赛，导致网络武器泛滥。2021 年 3 月，英国政府发布声明称，在面临“可能产生与生化物武器相当影响的新兴技术攻击”时，英国将保留使用核武器的权力。媒体援引英国政府内部人士说法，网络攻击属于可能触发英国核打击的“新兴技术”。这标志着网络虚拟空间与现实空间的战争壁垒被彻底击穿，网络军控迫在眉睫。

由于网络空间的特殊属性，其军备竞赛较为隐秘，因此传统的军控理论及实践难以直接应用到网络空间。相较于隐秘的网络武器，漏洞是更加公开的存在，也是打造高破坏性网络武器的关键。2010 年曝光的“震网”病毒，具有不同于普通黑客攻击、针对工业基础设施的物理破坏能力，其能力生成的关键在于对多个零日漏洞的综合运用。长期以来，个别国家借网络侦察名义对其网络攻击行为进行辩护，因为网络侦察与网络攻击的界限模糊，两者都高度依赖对系统漏洞的挖掘和利用。

考虑到各国针对网络漏洞已经形成普遍的管控共识、成熟的通报机制，且漏洞作为军备资源的自杀伤性已经得到展现，漏洞管理或将孕育网络军控的雏形。

第二节　推动漏洞管理国际合作的总体构想

对国家安全而言，漏洞是一个国家的战略资源。从这一点讲，漏洞管理的国际合作几乎是一个伪命题。但是，随着网络信息技术的广泛应用，仅从国家军事和情报需求考虑漏洞管理是不够的。当我国处于加速发展数字经济、建设数字政府、数字社会的新阶段，在全球进入万物互联的时代，漏洞已经成为影响一个国家经济发展和国计民生的重要网络安全风险，也是国际社会共同面临的网络安全难题。

1. 推动漏洞管理国际合作的主要考虑

一段时期内，网络安全合作的进程加快，多方积极作为。美国的漏洞公平裁决程序（Vulnerability Equities Process，VEP）起到先行者和示范者的作用，并在国际上推动更多的国家设立类似漏洞公平裁决程序的机制。虽然漏洞公平裁决的国际程序只是政府漏洞管理模式的建议，不具有约束力，但是美国通过推动漏洞公平裁决程序的国际化，建立起政府漏洞披露的国际标准化模式。

总统拜登上台后，美欧国家网络安全合作进入新阶段。美欧国家在网络安全政策上遥相呼应，核心是主导国际社会对网络空间负责任国家行为的普遍理解，建立追责不负责任国家的共同实践。具体合作有三个重点内容：一是加强网络威胁方面的信息共享与合作；二是对违反网络空间负责任国家行为框架、实施大规模恶意网络行为的国家进行追责；三是共同提升供应链弹性。而在上述重点内容中，漏洞管理是双方协调、合作的核心内容。

2018 年 11 月 12 日，法国总统马克龙在第 13 届联合国互联网治理论坛期间发表演讲，提出《网络空间信任和安全巴黎倡议》。该倡议谈到了漏洞管理的问题，认为“所有参与者都可以通过鼓励负责任的、协调的漏洞披露来支持一个和平的网络空间”。截至 2018 年 11 月底，已经至少有 57 个国家、284 个私营企业和 115 个相关组织签署了该倡议，且支持者的数量还可能继续增加。由此可以推断，漏洞管理的国际合作能够得到国际社会的广泛支持。

2020 年 9 月，中国提出《全球数据安全倡议》，倡议“各国政府、国际组织、信息技术企业、技术社群、民间机构和公民个人等各主体秉持共商共建共享理念，齐心协力促进数据安全。”2021 年 3 月，中国外交部同阿拉伯国家共同发表《中阿数据安全合作倡议》，体现了发展中国家在数字治理领域的高度共识。

针对网络安全本源性的难题，如果中国能够构建一个具有可操作性、互利的、稳定运行的国际机制，那么这既有利于维护国家利益，也可为我国在网络空间国际规则制定进程中扩大影响力，争取主动。

2. 漏洞管理国际合作的战略定位

对于网络安全漏洞管理，我国积累了丰富的经验和实践，有能力以漏洞管理国际合作为突破口，在控制我国网络空间风险的同时，推动网络安全漏洞管理的最佳实践，推动全球互联网治理体系向着更加公正合理的方向迈进。

1）推动漏洞管理国际合作的战略目标

漏洞管理国际合作需定位于汇集各方资源，提高国际社会的漏洞处置能力。

各国网络能力发展不平衡，但网络空间的相互依赖决定了网络空间漏洞管理需要各方形成合力。利用网络大国的现有漏洞管理和应急处理的资源，包括各国的计算机应急响应小组（又名“计算机安全事件应急响应小组”，英文 Computer Security Incident Response Team，常用 CERT 代表）、国家级漏洞库、技术专家，通过加强专业知识交流和人员培训，帮助中小国家提高网络安全漏洞的响应能力，从而提高世界范围内的网络防御水平。

战略目标具体可以表述如下：促进紧急情况下的各方联络和协同反应，共同应对新技术带来的网络安全挑战；帮助中小国家提高网络安全漏洞的响应能力，从而提高世界范围内的网络防御水平；加强漏洞管理最佳实践交流，促进国家间在网络空间的信任。

2）推动漏洞管理国际合作的战略路径

一是搭建漏洞管理国际合作平台。利用网络大国现有国家漏洞管理和应急处理的资源，帮助中小国家提高网络安全漏洞的响应能力，从而提高世界范围内的网络防御水平。

二是促进重大漏洞的信息共享和危机应对。从各主要国家漏洞管理的政策和实践看，漏洞发现、报送、评估规则有一致性。可以在官方披露的基础上，推动漏洞管理的合作探讨，包括建立漏洞危机处理合作机制、共同打击漏洞黑产、保护白帽子措施等。

三是促进漏洞管理技术和最佳实践的交流。虽然对国际漏洞裁决程序在国际上广泛的适用仍存在疑问，但仍是一个可以进一步交流和沟通的课题。在互联网高度发达的今天，在充分尊重他国安全和正当述求的基础上，承认各国对网络空间网络漏洞管理条件的差异，包括基础设施、管理体系、技术水平、政策法律、人文环境等，以合作谋和平，在共同安全中维护自身安全。加强网络漏洞管理技术的管理与交流，可以促进安全基础层面的具体合作行动，以最大限度凝聚国际共识，寻求符合各国利益的合作治理最大公约数。

四是搭建多方治理网络，促进网络空间信任。不同主体有不同的立场、信息、资源和能力，很难完全由某个主体来完成治理任务，也很难由不同主体各自独立完成治理任务，“合作主义治理”应运而生。不同于传统的“单向管控型”治理模式，合作主义治理强调政府、市场（社会组织）、企业相互促进的关系，强调网络空间整体的稳定性。合作主义治理的核心要义是“多方主体采用多种手段的共同治理行动”，可为网络安全漏洞管理提供新的转型范式。在范式转型过程中，既要理性看待政府监管在网络安全漏洞管理中的局限性，也要理性认识社会主体在网络安全漏洞管理中的积极性，以更加合作、更加协调的方式处理网络空间安全与网络技术发展的平衡关系。

3. 漏洞管理国际合作的重点领域

从国家安全的角度，国家军事部门和情报部门对漏洞非常重视，是漏洞利用的需求方、开发方和使用方。从这一点讲，漏洞管理国际合作非常敏感，也是漏洞管理国际合作需要平衡和兼顾之处。为了让合作具有可操作性和可持续性，漏洞管理国际合作需要尊重各方国家安全上的关切和顾虑，定位公益性质，瞄准跨国的 ICT 产品，以公开、透明的方式发挥协调作用。具体可从以下三个方面推动漏洞管理国际合作。

1）聚焦公开漏洞管理

漏洞管理合作应避开敏感议题，在公开漏洞范围内加强合作。目前，世界上有大量的国家级漏洞平台，包括中国国家信息安全漏洞库（China National Vulnerability Database of Information Security，CNNVD）、中国国家信息安全漏洞共享平台（China National Vulnerability Database，CNVD）、美国国家漏洞数据库（NVD）、日本漏洞信息（Japan Vulnerability Notes，JVN）、欧盟“安全漏洞库服务（Security

Vulnerability Repository Service，SVRS）”等。漏洞管理国际合作可在各国公开漏洞信息的基础上加强漏洞信息的分享和交流。

2）聚焦软件供应链安全

相对硬件供应链，软件供应链的漏洞发现和修复相对比较容易。2020 年“太阳风”公司遭供应链攻击事件表明，软件漏洞利用具有涉及维度广、攻击成本低回报高、检测困难等特性。加之开源代码的使用，软件漏洞的防控处理越发具有挑战。同时，随着物联网的迅速发展，在物联网相关场景下，智慧城市、智慧家庭、智慧医疗、智慧交通和智慧工业等新应用的安全问题将逐渐暴露出来，物联网软件漏洞管理将是有更多国际合作需求的领域。

3）聚焦漏洞修复

在实践中，漏洞修复的问题比漏洞本身还大。一个漏洞可能涉及多个行业，也就意味着漏洞的修复涉及多家企业、多个厂商、多个用户。根据中国国家信息安全漏洞共享平台的统计，在收录的工业控制系统漏洞中，涉及工业控制厂商排名前八的是施耐德（Schneider）、西门子（Siemens）、研华（Advantech）、三菱（Mitsubishi）、摩莎（Moxa）、万可（WAGO）、思科（Cisco）和阿西布朗勃法瑞（ABB）。在其收录的工业控制系统安全漏洞中，多数分布在制造业、能源、水务、商业设施、石化、医疗、交通、农业、信息技术、航空等关键基础设施行业。但是，供应商发布了补丁，不意味着脆弱设备已被修复。很多情况下，有时候是物理上无法修复这些设备；有时候是由于供应商不具备漏洞修复能力、漏洞修复后系统不稳定等原因使得一部分漏洞难以修复。理论上，产品之间有交集的企业或厂商，在漏洞修复上自然会有技术上合作的需求。但是，让跨国企业一起去修复漏洞并不太容易，这就需要国家力量去牵头，找出企业的难点和短板，平衡企业的动力和不足。因此，漏洞修复可以是政府间合作最能发挥作用的地方。

第三节　基于漏洞管理推动网络军控实践

网络军控是网络安全合作的重要议题。网络空间战略稳定性至少包括危机稳定性和军备竞赛稳定性。其中，危机稳定性可限制可能被误解的网络行动，为对方了解自己的网络行动提供便利；军备竞赛稳定性可从根本上削弱网络战风险，更能决定网络空间的长远稳定。由于网络空间的特殊属性，其军备竞赛较为隐秘，因此传统的军控理论及实践难以直接应用到网络空间。考虑到各国针对网络漏洞已经形成普遍的管控共识、成熟的通报机制，且漏洞作为军备资源的自杀伤效应已经得到展现，未来可基于漏洞管理逐步构建具有网络空间特色的军控理论及实践体系。

1. 已有网络军控实践面临的挑战

国际网络军控始于20世纪90年代，最初称为“信息战军备控制”，俄罗斯是初期相关倡议的主要发起者。在2009年奥巴马上台之前，美国对国际网络军控始终持消极态度，直接阻碍了其发展。在多边领域，美国于2009年10月首次做出决定不再反对联合国大会“探讨以可能方式强化全球层面信息安全”的决议。2010年7月，美国、俄罗斯、中国等15个国家的网络安全专家与外交官员，向联合国秘书长递交一系列建议，呼吁各国展开更有效合作，就“制定信息与通信技术应用准则、国家在武装冲突中使用信息与通信技术的影响及其应对措施”等内容进行探讨。这些建议虽无强制约束力，却是世界主要国家首次就网络冲突问题达成共识，具有明显的标志性意义。国际网络军控被提上议事日程已有较长时间，受到重视的程度不断提升。

但是，网络空间有诸多与传统领域截然不同的新特点，直接阻碍了网络武器的国际军控进程，导致至今尚未达成任何重要条约。其面临的挑战主要包括以下方面。

一是网络攻击模糊的破坏能力削弱军控共识。20 世纪 40 年代核武器在日本广岛和长崎的使用，已经向世界展示了核武器的破坏力。核武器的先进性以及毁灭性，促使各国共同制定规则和约束战争行为。但是在网络安全领域，网络武器的杀伤力有些模糊不定。部分学者认为，网络武器具备堪比核武器的破坏潜力，但这种毁灭性的打击尚未出现，普遍的网络军控共识也就难以形成。同时，网络军控的基本概念界定不清。为监管武器发展与使用，国际网络军控必须明确什么是网络武器、什么样的网络攻击属于战争行为，但相关概念的界定存在诸多争议。更为危险的是，部分国家相信，可以使用网络武器产生局部化、暂时性、可逆转而且有限的破坏效应，并借此实现网络空间的军事优势地位，导致的结果就是网络攻击的泛在化。

二是网络武器研发及使用主体超越国家范畴。核武器的原料稀缺度和工艺复杂度保障了限制核武器扩散的实效。在网络空间，网络攻防技术研发已经高度产业化，武器化的网络工具正以惊人的速度扩散。“火眼”公司 2020 年 4 月发布漏洞管理报告，总结了过去 7 年全球零日漏洞的利用情况，指出大量国家支持的行为体从私营公司购买零日漏洞并针对性开展攻击活动，预测此类活动数量还会持续增加。网络空间行为主体多元，行动目的多样，很难确定一国政府在其中的角色，难以判定源自该国的网络攻击是有意为之、刻意默许还是监察不力，也就无法基于传统军控条约对其追责。此外，网络设备军民共用特点突出，军队与民间往往混用网络设施、通信节点和软硬件，难以界定国家发动的网络军事行动。从近年看，地缘冲突出现时，网络攻击数量同步抬升。其中，固然有冲突国家将现实矛盾延伸到网络空间的原因，但是大量民众、网络犯罪组织乃至网络恐怖势力在国家网络冲突掩护下的趁乱入局也不容忽视。多样化的行为主体造成不可控的网络攻击泛滥和网络武器扩散，能够将局部的地缘冲突迅速扩大为全球范围的网络安全威胁。

三是网络军控缺少可供监督核查的具体标的。军备控制要行之有效，除形成条约外，还要保证其可核查性。《核不扩散条约》《化学武器公约》《生物武器公约》对大规模杀伤性武器及其原料的存在进行了一些严格的限制。纵观传统的军备控制条约，其规范的对象都是看得见、摸得着的武器，确保能够通过核查实现监督程序。在网络空间，网络武器是能够轻易存贮、复制、删除的代码，其研发、使用、扩散极为隐秘，几乎没有国家对其网络武器信息进行主动披露。如果针对网络武器设计军控规则，军控的核查监督将面临巨大障碍。即使是在网络武器已被使用的情况下，虽然网络溯源技术层出不穷，但是由于各类反制技术频繁出现，攻击源头、攻击动因和攻击路径仍难以查明。目前在网络入侵中广泛使用的僵尸网络，不仅可以隐匿黑客的电脑 IP 地址，而且可以将该地址映射到其他电脑上，实施核查监督将面临重重障碍。

2. 基于漏洞管理的网络军控条件趋于成熟

2010 年曝光的“震网”病毒，具有不同于普通黑客攻击、针对工业基础设施的物理破坏能力，其能力生成的关键在于对多个零日漏洞的综合运用。长期以来，个别国家借网络侦察名义对其网络攻击行为进行辩护，虽然网络侦察与网络攻击不易区分，但两者工作原理都高度依赖对系统漏洞的挖掘和利用。相较于隐秘的网络武器，漏洞是更加公开的存在，却是打造高破坏性网络武器的关键。因此，漏洞管理或将孕育网络军控的雏形。

1）各国公认漏洞管理是网络安全的关键

军控协议的达成需要基于广泛的国家共识。各国已普遍认识到，漏洞武器化正对国家安全、经济发展和隐私保护带来严峻挑战。即使是长期对全球网络军控持消极态度的美国，也一直将漏洞管理作为网络安全战略的重要内容，持续投入力量建立开放灵活的漏洞收集、发布等机制。特朗普当选后，美国政府更是将漏洞管理作为网络安全政策的优先项。2018 年 11 月，美国白宫网站发布《美国联邦政府漏洞公平裁决政策和程序》报告，将“漏洞公平裁决程序”由“秘密”转为“公开”，主要规制对象是“新发现且未公开”的漏洞，以平衡“情报收集”“调查事项”“信息安全保障”三方面的影响。

2）全球及国家层面漏洞披露平台日益成熟

必要的信息获取是军控措施可持续的基础。漏洞披露已经具备成熟的国际化平台，如面向全球黑客的 CVE、ExploitDB。中、美、俄、英等国家都建立了国家级的漏洞披露平台。以中国国家信息安全漏洞共享平台为例，通过集合国家政府部门、重要信息系统用户、运营商、主要安全厂商、软件厂商、科研机构、公共互联网用户等多类型力量，共同建立了软件安全漏洞统一收集验证、预警发布及应急处理体系。虽然各类平台的信息时效及透明度参差不齐，但仍提供了漏洞信息共享共用的必要支撑，未来可拓展形成必要的网络军控信息平台。从漏洞管理的政策和实践看，各主要国家在漏洞发现、报送、评估等程序上基本具有一致性。

3）漏洞的自杀伤效应初步显现

军备与安全的作用并不总是正单调的。研究、储存、部署或者使用过多的火力强大的武器，会出现自杀伤效应，这种武器作用的逆序是促使多数国家停止扩大军备、转而实施军控的内在动因。在互联网时代，漏洞被视为国家级战略资源，一个国家对漏洞的储量甚至被视为网络空间战力的重要标准。长期以来，国家行为体具有隐藏新发现漏洞的倾向，导致漏洞的披露和修补被延迟，为网络犯罪或网络恐怖活动发现并利用这些漏洞提供了更长的时间窗口，从而触发漏洞的自杀伤效应。美国在漏洞领域占据领先地位，主要体现在：2013 年斯诺登事件揭露美国政府利用其掌握的漏洞资源在全球网络空间从事情报搜集；2014 年爆发“心脏滴血”漏洞攻击，媒体报道美国国家安全局两年前就已知晓该漏洞，并且定期利用该漏洞获取重要情报；2016 年美国国家安全局“永恒之蓝”等网络工具被窃取，随后全球爆发基于该工具的网络勒索病毒，美国亦未能幸免。由此可见，虽然漏洞自杀伤效应的显现需要经历一个较长的时间，但已初步呈现。

3. 构建基于漏洞管理的网络军控理论框架

由于网络空间的特殊属性，其军备竞赛较为隐秘，传统的军控理论及实践难以直接应用到网络空间。构建基于漏洞的网络军控体系，需要大量的理论创新和实践探索。作为这一理论框架的基础，需要对三个基本问题进行澄清。

1）确定监督核查的具体标的

漏洞管理涉及国家政府部门、重要信息系统用户、运营商、主要安全厂商等多类主体。因此，基于漏洞的网络军控，不能涵盖各类漏洞，导致国家行为与非国家行为、军事行为与商业行为、重大安全行为与普通安全行为混淆。网络军控应针对可能导致关键基础设施受损等重大网络安全威胁的漏洞，如通用漏洞评分系统判定的分值高于 7 的漏洞。以 2021 年初披露的 Treck 公司软件存在的漏洞 CVE-2020-25066、CVE-2020-27337 为例，远程攻击者可利用这些漏洞实施 DoS 攻击，对数百万物联网设备造成影响。这类漏洞对于网络武器的价值，类似核生化原料对核武器、生化武器的价值，必须成为未来网络军控的重点。在 2015 年《瓦森纳协定》的新出口限制禁令中，美国将软件漏洞视为潜在的武器进行限制和监管，规定在未经特别许可的情况下，禁止在美国、英国、加拿大、澳大利亚和新西兰等国家之外销售零日漏洞技术及相关产品。由于新出口限制禁令发布的目的是保持对漏洞的垄断和利用优势，因此该禁令并没有推动全球范围的网络军控，但是其将软件漏洞视为军控标的做法具有开创性。

2）界定战争企图的漏洞行为

对战争企图的预判是触发军控行为的重要依据。军控行为大体包括两种途径：一是对军备的量进行控制，包括数量和质量的控制；二是对军备的使用进行控制。即使是对同一军控领域，不同国家的侧重点也存在差异。例如在核军控方面，部分国家强调不使用核武器，部分国家则通过研发战术核武器方式降低使用门槛，同时强调核武器不扩散。无论侧重点如何，究其本质始终是对战争应对的“端口前置”，对蕴含战争企图的征兆性行为进行遏阻。网络空间是基于“比特流”的数字化空间，网络空间战场无声无息、没有硝烟，数据以接近“光速”流动，战场形势瞬息万变，侦攻行动转换迅速，网络空间作战是以接近“光速”进行的“秒杀”作战。因此，网络空间的战争意图判定，必须充分“前移”，定位在网络武器的研发阶段，即漏洞的武器化阶段。任何试图对漏洞进行武器化的行为，都应视为网络战争企图。这是触发网络军控的最低标准，也是防范网络战争的最高准则。

3）制定网络军控的发展路线

对军备的量进行控制，包括透明、不扩散、限制、冻结、裁减、禁止，其控制强度逐步增强。对军备使用的控制措施包括不使用、负面安全保证、限制使用、限制部署、降低戒备、建立信心措施等，其控制强度逐步减弱。历史上，化学裁军的线路是分两步，先对化学武器的使用进行控制，再对化学武器的量进行控制。美、苏（俄罗斯）之间核裁军的线路则是兼顾对核武器的使用和数量进行限制。考虑到网络武器的特殊性，必须采取与化学武器、核武器不同的军控路线。

当前，国家及非国家行为体对网络武器的使用已经趋于常态，短时间内难以遏制，而漏洞的武器化正是引发并维持这一现状的重要驱动因素。因此，网络军控应从控制数量开始，通过限制网络武器的产生及扩散，对网络武器滥用这一势头釜底抽薪，进而逐步实现对网络武器使用的限制。生化、核、网络三个领域的军控路线对比如图 10 - 1 所示。

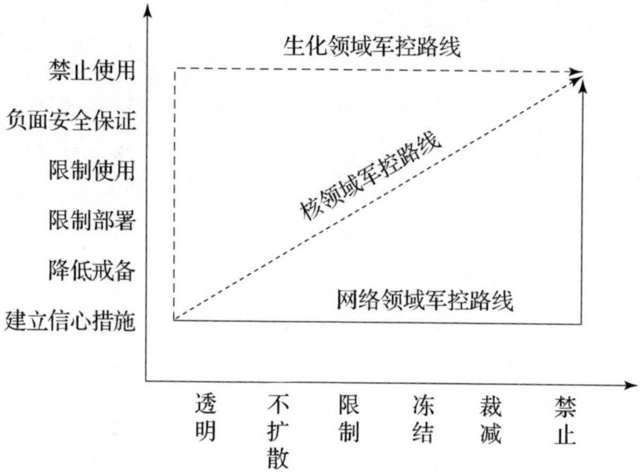

图 10 - 1　生化、核、网络三个领域的军控路线对比

有学者认为，网络安全议题方面的挑战是大于核方面的。网络军控体系建立，将比核军控面临更多挑战。构建网络军控特色理论、突破当前网络军控困境只是迈出了第一步。未来，必须用好传统军控公约、组织架构等现有存量，并立足网络空间特点规律，积极拓展网络军控增量。经过多年实践，联合国已建立完整的军控审议、谈判与监督机制，应继续推动联合国主导、各国平等参与的网络军控规则制定，推动国际网络军控加速迈入正轨。鉴于网络空间行为主体多元，应将非政府组织、行业代表性机构等纳入，打造多层次的网络安全与军备控制力量结构。此外，各国应更加理性看待网络军备扩张的逆序。由于网络空间的无国界，网络战无论由谁挑起，最终都没有胜利

者。在网络空间国际立法严重滞后的现状下，为避免网络空间陷入“一切人反对一切人”的霍布斯式战争状态，即使当前没有条件立刻实现多边条约式的网络军控，也应考虑以更加主动公开的姿态，加强严重漏洞的预警性信息发布，克制漏洞武器化倾向，治理国内滥用漏洞的网络黑产，实行自我克制式的单边网络军控。

—— 第十一章 ——

智能时代网络空间国家关系需要统筹的新问题

根据第 55 次《中国互联网络发展状况统计报告》显示，截至 2024 年 12 月，我国有 3.31 亿人表示自己听说过生成式人工智能产品，占整体人口的 23.5%；有 2.49 亿人表示自己使用过生成式人工智能产品，占整体人口的 17.7%。在生成式人工智能用户中，利用生成式人工智能产品回答问题的用户最为广泛，占比达 77.6%；将生成式人工智能产品作为办公助手的用户占比达 45.5%。人工智能将如何影响网络安全治理、如何变革网络安全治理机制和治理效能，已经成为亟待研究的现实问题。人工智能与网络安全问题的结合，将成为影响未来网络空间国家关系的研究热点。

首先，人工智能将革新网络空间国际治理的手段工具。人工智能拥有自我进化和学习机制，通过对数据的深度学习，不断进行自我完善，能够不断提高对网络安全威胁的自主防控能力，推动网络威胁防御机制的变革。对比传统的数据信息处理模式，人工智能在海量数据挖掘和动态分析方面具有绝对的优势，能够对所收集到的网络空间态势数据、舆情信息进行高速分析处理，高效实现恶意软件识别和虚假信息标记。基于人工智能系统的“智能动态防御”技术，可以实现防御手段的实时自主修正和防御策略的灵活机动改变，弥补传统网络防御模式只能针对已知攻击被动防护的技术缺陷，建立起动态环境下破坏外来攻击进程和阻断攻击路径的机制。

其次，人工智能将带来网络安全新挑战。随着全社会数字化转型程度的加深，以及人工智能等数字技术的不断发展，网络安全风险和挑战不断增加。生成式人工智能技术的应用，可以快速生成钓鱼邮件、编写恶意软件与代码，导致攻击数量爆发式增长。根据奇安信集团发布的《2024 人工智能安全报告》，2023 年基于 AI 的深度伪造欺诈增长了 3000%，基于 AI 的钓鱼邮件增长了 1000%；已发现多个有国家背景的 APT 组织，利用 AI 实施了 10 余起网络攻击事件。该报告认为，具有巨大潜力的 AI 技术同时带来诸多挑战：一方面放大现有威胁，如钓鱼邮件、恶意软件等；另一方面引入了新型威胁，如 AI 自动化攻击、AI 深度伪造等。

最后，人工智能将进一步加剧大国竞争。美国将智能科技视作可改变“游戏规则”的“颠覆性技术群”的核心，为巩固世界霸主地位，美国积极推行“改变未来战局”的第三次“抵消战略”，制定人工智能发展战略。俄罗斯、英国、以色列等军事强国不甘落后，加紧完善各自在人工智能领域的战略布局。人工智能赛道的出现，将使大国竞争进一步加剧。大国竞争催生网络威慑，从而带来网络空间国际治理的关键挑战。此外，由于网络化是支撑智能化、无人化的基础，网络安全的重要性在智能化战争中被进一步放大。未来，网络空间的国际治理需要面对智能领域国家博弈带来的不确定性，需要统筹应对好各类新问题新挑战。

第一节　智能领域竞争激化“数字冷战”路线

人工智能被视为第四次工业革命的关键性战略技术，为谋求在新一轮颠覆性技术争夺中独占鳌头，以美国为首的世界强国围绕智能化加紧战略布局，可谓紧锣密鼓、不遗余力。2024 年 10 月，美国拜登政府发布首份《人工智能国家安全备忘录》，明确美国以在人工智能领域“引领全球”为目标，将搜集对手国家人工智能领域动向作为情报工作优先事项，及时向研发人员提供网络安全和反情报信息。与此同时，美欧多国持续打压中国人工智能创新能力，在该领域的战略围堵遏制不断加码，大国竞争的“数字冷战”路线将迎来 2.0 版。

1. 美欧全力推进智能化布局

美国企图依靠人工智能维持其军事霸权。2016 年以来，美国国防部连续出台《为人工智能的未来做好准备》《国家人工智能研究与发展战略规划》《国防部人工智能战略》等文件，将人工智能发展提升至国家战略层面。美国为保持其在人工智能领域的绝对领先地位，在加紧推进自身人工智能军事化建设的同时，还以服务联盟作战体系为名，试图拉拢盟友共同开发联合操作人工智能系统。据美国“防务新闻”网站报道，2020 年 9 月，美国启动“防务伙伴关系计划”，该计划涵盖英国、法国、以色列、日本、韩国、澳大利亚、加拿大、芬兰、挪威、瑞典等国，旨在开发与上述盟国互联互通的人工智能系统，为智能化战争联合作战奠定基础。有报道称，围绕这个计划，美国及其盟友的有关防务代表已多次召开会议。美国还声称，这个防务合作将向更多感兴趣的美国盟友“敞开大门”。

其他大国不甘落后，加紧布局人工智能领域。俄罗斯总统普京高度重视人工智能发展，指出“谁成为人工智能领域的领导者，谁就会获得巨大的竞争优势”。早在 2014 年，俄罗斯着眼今后 20 年智能技术、无人技术创新，专门成立机器人技术科研实验中心。2016 年 3 月，俄罗斯发布《2025 年前发展军事科学综合体构想》，重点关注人工智能等前沿技术的军事应用。英国制定“高校为源、军民融合”的人工智能发展路径，出台《国家人工智能战略》《机器人与人工智能》战略规划。法国先后制定《法国人工智能战略》《法国人工智能计划》，并从2018年起逐年增加国防预算，不断加大人工智能武器研发投资力度。德国拥有世界上最大的人工智能研究中心，2018年发布《人工智能战略》，计划2025年前打造“人工智能德国制造”品牌。日本先后出台《人工智能战略》《新机器人战略》《科技创新综合战略》，成立“革新智能综合研究中心”，集中开发人工智能相关技术。澳大利亚国防部于2021年1月发布《打好人工智能战争：未来智能化战争之作战构想》，着重探讨了如何将人工智能应用到陆、海、空作战领域。

随着多国密集颁发智能化发展战略，防范军事智能化未知风险的渐进路线迅速被摒弃。研究机构施普林格2024年7月发布《国防人工智能应用的长期竞赛：概述》，批评了美国在国防人工智能方面采取的“渐进主义路线”，认为美国国防部往往偏向于久经考验的现有能力，而不是新的工具和技术，并鼓动美国采取更加激进、高效的采购流程。该报告宣称，在国防人工智能方面，没有真正的颠覆者，而数字化是一个国家国防人工智能实力的误导性指标。基于该报告的论断，美国在人工智能领域的竞争对手不仅仅是中、俄两个大国，还要提防数字化程度不高的中小国家。为维持优势，美国必须摒弃“卢德主义”或“故意渐进主义”，改变“谨慎和漫长的可行性研究”过程。同时，报告列举了德国因“安全政策一致性优先于有效性”所采取的谨慎路线，并对其大加批评。作为比较，报告褒扬了英国采取的快速变革及组织架构调整，认为英国“前景看起来很光明”。2025年1月特朗普再次就任美国总统后，撤销了前总统拜登2023年签署的一项行政令，旨在减少人工智能对国家安全、工人和消费者构成的风险。

在战略文件指导下，多国着手开展智能化的基础能力建设。2025年1月13日，英国政府宣布，未来5年将加大人工智能领域投资，包括新建一台超级计算机，提升人工智能主权算力。此举是对由英国政府委托英国风险投资家克利福德起草的“人工智能机遇行动计划”的回应，该计划于2024年9月提交，针对英国国家人工智能产业提出50条建议，包括：2030年英国政府GPU数量超过10万个，主权算力提升至当前的20倍；成立政府管辖的人工智能数据中心，用于公共服务和学术领域的人工智能应用；成立人工智能能源委员会，指导能源领域的人工智能需求等。英国人工智能领域专家认为，提升主权算力可减少对他国人工智能企业的依赖，有助于提升英国国家人工智能产业能力。2025年1月21日，美国总统特朗普宣布启动一项名为“星际之门（Stargate）”的庞大人工智能基础设施计划，旨在推动美国在全球科技竞争中的领先地位。该计划预计将投入5000亿美元建设数据中心、计算设施等关键技术平台，以期建设全球领先的人工智能基础设施。

2. 美国及美盟国家持续利用芯片断供对中国“卡脖子”

芯片是一个国家的核心竞争力，也是美国对外实施大国竞争的有效手段之一。美国凭借在全球芯片行业的上游主导地位，将芯片断供设置为新的制裁手段。

新冠肺炎疫情期间，工厂停工、产能下降，导致全球半导体产业链断裂，进一步加剧了全球“缺芯”。美国“离岸制造”带来的制造业空心化使其产生深深的“芯片焦虑”，这种焦虑在持续推进对华战略竞争的背景下越发突出，其重塑芯片霸权的野心日益强烈，对华展开的遏制打压动作日趋激烈。2021年4月9日，拜登政府向美国会拨款委员会提交《2022财年总统全权预算支出申请》，将中国视为“最大挑战”，提出需将外交及盟友作为政策核心，重新确立美国全球领导地位。该方案明确，将推进“太平洋威胁倡议”，加强与印太地区、北约组织等国际合作，“应对中国威胁”，加强颠覆性军事技术研发，确保美国“大国竞争优势”。2022 年 8 月，《芯片与科学法案》正式通过，美国政府一方面以“胡萝卜”作诱饵，拨款 520 亿美元用于芯片生产与供应链建设，提升美国半导体制造能力；另一方面以“大棒”作威胁，在法案中专门设置“中国护栏”条款，迫使芯片巨头在中美之间选边站队。

2024 年，美国政府发布的多份文件继续渲染“中国威胁”。2024 年 6 月 21 日，美国财政部发布一项“拟议规则通知”，要求限制美国企业和个人对中国大陆、香港和澳门的前沿技术企业进行投资，主要适用于半导体和微电子、人工智能以及量子信息技术，原因是这些技术可被用于“开发对军事、情报、监视或网络能力至关重要的敏感技术和产品”。同月，美国众议院通过《2025 财年国防授权法案》，明确将继续加大用于遏阻中国的资源投入。该法案授权经费达 8950 亿美元，继续将中国视为美国国家安全主要挑战之一，拟授权采取多项措施对抗中国的“全球威胁和影响力”，主要包括：拨款超过 6.5 亿美元支持美印太司令部的优先事项，并在人工智能、机器人自主系统和网络等领域，增加用于威胁中国所需的技术创新资金；禁止美国国防部与任何中国军民两用公司及其所有子公司签订合同，以防范中国“窃取机密信息并开展间谍活动”；针对中国无人机制造商大疆进行限制等。

随着人工智能领域竞争加剧，美国进一步限制中国获取人工智能芯片技术。2024 年 4 月，美国商务部宣布，已就人工智能芯片和制造设备对华出口限制规定进行修订，将进一步限制向中国出口带有人工智能芯片的电脑等。2024 年 6 月 11 日，《新加坡联合早报》、路透社、彭博社等报道称，拜登政府正在考虑进一步限制中国获取可用于人工智能的“环绕栅极晶体管”尖端新型芯片技术。英伟达、英特尔和超微等先进半导体制造商正在寻求 2025 年批量生产采用“环绕栅极晶体管”设计的半导体组件。美国官员称，美国的目标是让中国更加难以组装用于构建和操作人工智能模型的复杂计算系统，在中国新的人工智能成果商业化之前就对其进行限制。

此外，拜登政府还积极推动与日本、韩国和中国台湾地区组建“芯片四方联盟”（CHIP4），加强半导体供应链控制，将“离岸制造”转换为“友岸制造”“近岸制造”“回岸制造”，推行全球芯片产业链“去中国化”。2024 年 6 月，美国商务部副部长艾伦·爱斯特维兹在访问荷兰和日本期间，对两国政府施压，要求其限制阿斯麦公司和东京电子公司为中国芯片企业相关设备提供保养和维修服务。受此影响，日本政府宣布扩大出口管制项目清单，将制造量子计算机所需的先进芯片、光刻设备以及低温冷却器纳入其中，新的限制措施于 2025 年 5 月底生效。

2025 年 1 月美国总统拜登在离任前，推出《人工智能扩散出口管制框架》，建立分级的全球许可证制度，在全球范围内对部署和使用美制人工智能芯片和模型进行限制。该框架将按国家（地区）制定三个等级的芯片贸易限制：第一级为德国、荷兰、日本、韩国等美国少数盟友，可以不受限制地获取美国芯片；第二级为绝大多数国家和地区，面临总算力限制；第三级为中国、俄罗斯等 24 个国家和地区，全面禁止进口美国芯片。新规定旨在进一步限制中国、俄罗斯等国家人工智能总算力和相关技术发展，将人工智能研发集中在与美国友好的国家，并促使全球国家和企业采纳美国的行业标准。

3. 中国大语言模型的领先地位招致更多围堵打压

2024 年 6 月 25 日，OpenAI 公司宣布将停止向中国用户提供应用程序编程接口（Application Programming Interface，API）服务。该公司宣称，自 7 月 9 日起将加大对包括中国在内的非支持国家和地区用户账号的封禁力度，防止相关用户使用公司的 API 服务。此前，OpenAI 公司已禁止中国用户从网页端使用公司的相关服务。庆幸的是，中国通过自主创新，在生成式人工智能领域已走在世界前列，但相关成果一经上线，迅速引发美国及美盟国家新一轮围堵打压。

2025 年开年，DeepSeek 火爆全球。随后，美国及西方多国以 DeepSeek 影响安全为由施加限制。美国白宫新闻秘书卡罗琳·莱维特表示，美国国家安全委员会正在研究 DeepSeek 对美国国家安全产生的影响。众议院“中国共产党特别委员会”主席约翰·穆勒纳特称，美国必须迅速对 DeepSeek 的人工智能基础设施实施更严格的出口管制。美国跨党派议员致函国家安全顾问，要求限制英伟达公司向中国定制出口 H20 芯片，并禁止联邦政府采购以 DeepSeek 等中国模型为基础的人工智能系统。美国海军禁止所属人员使用 DeepSeek 人工智能技术。意大利数据保护机构称，正在对 DeepSeek 落实欧洲《通用数据保护条例》（General Data Protection Regulation，GDPR）的情况进行调查。爱尔兰数据保护委员会要求深度求索公司提供 DeepSeek 收集用户数据信息情况。

2025 年 2 月，中国人工智能平台 DeepSeek 持续面临攻击抹黑。美国国家安全委员会官员马特·珀尔诬称，DeepSeek 的隐私策略应引起警惕，任何输入该应用程序的内容均存在被监控风险，将造成网络安全威胁。澳大利亚政府以国家安全为由，禁止在所有政府设备上使用 DeepSeek 产品，诬称用户使用 DeepSeek 时上传的信息无法被妥善保护，要求阻止中国人工智能计划带来不可接受的安全风险。韩国行政安全部要求政府部门对 DeepSeek 等生成式人工智能予以关注，限制输入个人信息，避免无条件信任生成内容。韩国国防部、外交部等政府部门决定屏蔽 DeepSeek 平台，国防部联网计算机访问 DeepSeek 网站时会显示访问受限提示。韩国 IT 巨头 kakao 等企业禁止员工在工作中使用 DeepSeek。新加坡贸易和工业部表示将与美国机构合作，调查 DeepSeek 是否通过新加坡采购高端英伟达芯片。随着中国人工智能创新成果的不断涌现，所面临的战略围堵也将同步翻新升级。

第二节 “能力驱动目标”加剧网络空间国家对抗

恩格斯指出：“一旦技术上的进步可以用于军事目的并且已经用于军事目的，它们便立刻几乎强制地，而且往往是违反指挥官的意志而引起作战方式上的改革甚至变革。”当下，人工智能的军事化应用，使战争的制胜机理正在发生前所未有的嬗变，战斗力生成的重心正在发生历史性的位移。人工智能、大数据、云计算、察打一体无人机等技术的迅速发展和全面融合，在现代战争中展现出强大威力。无论是火力打击的物理域、信息攻防的数字域，还是舆情心理控制的认知域，无不使人们深刻感受到军事人工智能的巨大潜力。随着生成式人工智能和大型语言模型得到越来越多的开发运用，军事人工智能进入新的发展新阶段。

克劳塞维茨在《战争论》中强调，军事力量是实现政治目标的工具，能力提升会带来更宏大的目标。随着智能化装备的大量列装，美欧发达国家再次陷入“能力驱动目标”的惯性。2024 年，北约发布修订版“人工智能战略”，提出将人工智能与其他新兴技术相结合、提高联盟内人工智能系统互操作性、扩大北约人工智能生态系统等优先发展事项。2024 年 6 月，美军网络空间司令部为加强人工智能技术运用，新成立“人工智能特别工作组”，主要内容包括：一是与各军种网络空间司令部合作，及时为网络任务部队的作战行动提供人工智能能力；二是跟踪研究新兴人工智能技术，制定人工智能标准和规范，推动人工智能技术的转化运用；三是消除人工智能技术带来的风险和挑战。在军事智能化加持下，美国及西方国家追求绝对安全、绝对优势的惯性思维将大行其道，这将进一步加剧国家间对抗特别是网络空间对抗。

1. 人工智能赋能网络空间作战

网络化智能化并行互促成为新军事变革主流方向。战争形态的演变是一个动态持续的历史过程，被诸多技术群体间复杂的相互作用所驱动。在智能化建设过程中，网络化是智能化的孕育母体。没有网络化提供足够的数据和算力，新一代人工智能不可能产生链式突破。外军推进军事智能化尤其注重以网络化为前提，而人工智能为网络技术创新提供新的助力。智能 IP、智能流量监测与分析等技术可以在不增加硬件设施、人力资源的前提下，大幅提升网络的稳定性和安全性。很多发达国家都是将人工智能与网络技术“打包”升级。2023 年 4 月 5 日，美国、英国、澳大利亚三国同盟宣布将合作开发高端技术，先进网络与人工智能是未来开发的重点。军事大国纷纷发布人工智能融入网络行动路线图，将人工智能作为网络攻防能力的新增长点，明确推进目标、技术项目和实施路径，并推出一系列人工智能集成项目。

1）人工智能助力网络防御

智能技术将改变被动网络防御态势。伴随网络复杂性、集成度、数据量以及网络运营和防御所需知识量的指数级增长，人工智能可以有效降低工作复杂性，加强网络运营和防御决策。2020 年，美国陆军作战能力发展司令部启动代号为“网络现代化测试”的自动化网络防御项目，旨在利用人工智能技术，研发自动化网络威胁监控技术及工具，可部署于军事网络内部、自动监测并预警潜在威胁、提高战场网络检测和防护能力，能够有效缓解美军网络安全和预警人员不足的问题。基于人工智能的网络防御能够持续进行网络监控，对网络流量进行实时处理，检测网络异常和分析可能存在的漏洞，类似于 X 射线应用于医学领域一样，通过机器学习训练调整系统参数提高网络防御的有效性。2021 年，美国国防信息系统局积极推进人工智能技术的网络防御应用，主要采取两项措施：一是与弗吉尼亚州 NT Concept 软件公司签订合作研发协议，将机器学习有关技术应用于防御性网络空间行动，同时开展机器学习与“零信任”架构融合技术研究，促进“零信任”架构推广；二是该局新兴技术理事会启动新试点计划，利用人工智能技术检测网络威胁，并提供事件响应指导。2022 年，英国国防部与英国 Frazer - Nash 公司合作研发“自主弹性网络防御”项目，利用人工智能和机器学习技术开发模拟军事环境中针对攻击进行测试和评估的网络防御技术。同年，法国国防部批准泰雷兹公司和 Atos 公司合作开发的大数据人工智能处理系统 Artemis，采用模块化构建多源信息分析平台，能够应用于包括网络安全、情报分析等领域。

在网络安全主动防御智能检测方面，基于人工智能的安全威胁自主学习检测，根据威胁等级、种类、行为自动制定处置方案，发现网络漏洞并自动修复、抵御攻击，可有效代替人工烦琐低速的审查，以机器速度和规模进行自动防御，大幅缩短网络攻击检测时间。2021 年，美国国防威胁降低局网络安全团队应用“鹰犬”系统，极大缩短对网络事件的分析和处理时间，大幅增强该局乃至整个国防部的网络安全防御能力。国防威胁降低局与国防部联合人工智能中心合作，将“鹰犬”系统上线运行，通过人工智能和机器学习后，该系统能够在短时间内处理大量数据，“在不到 1 分钟内就可以完成人类分析师 3 个小时的工作量”，完成网络调查分析中最耗时的工作。2024 年，美国国防信息系统局利用人工智能技术提升网络安全防护能力，致力于将 75% 的网络安全管理任务实现完全自动化，将网络安全分析人员从烦琐重复的事务性工作中解放出来，集中精力开展网络空间高端对抗活动。为实现这一目标，国防信息系统局的数据分析团队正在创建一个以数据为中心的“数据湖”架构，联通和汇聚国防部各层级、各领域数据，使作战人员利用单一账号或查询界面即可获取所需数据，有效支撑网络空间作战任务。

生成式人工智能工具通过分析以前的安全事件并进行学习训练，可以识别可疑行为、预测威胁和采取预防措施来阻止网络攻击，从而通过机器学习持续提升自身水平。2024 年，IBM 公司在其威胁检测和响应（Threat Detection and Response，TDR）服务中集成人工智能功能，能减少人工分析工作，加快对关键安全威胁的识别、调查和响应，以更主动、更精确的威胁管理办法减轻安全分析人员的负担。该人工智能助手依托 IBM 公司自建的 Watsonx 人工智能平台运行，该助手提供的 TDR 服务能够自动解决 85% 的安全告警，其余 15% 需要人工干预的告警信息将在人工智能助手的帮助下，缩短 48% 的响应时间。

随着各种武器系统平台的组网联网，武器系统暴露出的潜在漏洞面临受攻击的危险，加强人工智能在武器系统网络安全领域的应用，自动检测发现设备和系统网络威胁、网络漏洞并自动修复，成为网络防御的新方向。2024 年，美国谷歌公司和澳大利亚联邦科学与工业研究组织计划合作开发新型人工智能工具，对开源软件漏洞进行自动扫描识别及修复，以帮助澳大利亚关键基础设施运营商更好地应对网络攻击。为此，谷歌云将提供安全且可扩展的基础架构和解决方案，包括机器学习、大数据以及特定领域的大语言模型等。

2）人工智能助力网络攻击

智能化网络空间攻击行动正在走进现实。网络进攻作战基于丰富的网络武器库和成熟的网络空间威胁框架，依托型谱化的网络工具、统一化的网络平台，采用人力近场作业、物流链劫持、电磁中继、社会工程学等多种方式相结合，运用体系化、全平台、全能力的网络攻击装备体系，研发储备零日漏洞攻击工具、恶意代码等，保持攻击装备的全网信场景覆盖能力，保证作业的隐蔽性、谨慎性、高效性。图 11－1 显示了人工智能增强的网络攻击环节。

序号	应用研究	网络杀伤链模型(网络攻击生命周期)						
		侦查跟踪	武器构建	载荷投递	漏洞利用	安装植入	命令与控制	目标达成
1	恶意代码免杀		√			√		
2	基于生成对抗网络框架 IDSGAN 生成恶意流量				√			
3	智能口令猜解				√			
4	新型文本验证码求解器				√			
5	自动化高级鱼叉式钓鱼			√				
6	网络钓鱼电子邮件生成			√				
7	DeepLocker 新型恶意软件							√
8	DeepExploit 全自动渗透测试工具	√			√		√	√
9	基于深度学习 DeepDGA算法						√	
10	基于人工智能的漏洞扫描工具	√						

图 11－1　人工智能增强的网络攻击环节

在网络空间“侦察—入侵—破坏”各环节深度融合人工智能技术，能够加快网络空间杀伤链闭环，大幅增强进攻性网络作战效能。2024 年 7 月 2 日，日本防卫省公布首份人工智能有效运用基本方针，旨在通过人工智能“减轻人力负担”，重点运用领域包括目标侦测与识别、社交媒体平台信息收集与分析、网络安全等。2024 年 8 月，美军网络空间司令部开展基于人工智能的网络渗透试点项目，旨在将提供人工智能驱动的完全可定制化渗透测试方案，取代传统手动的渗透测试，让用户“以攻击者的视角”发现网络漏洞。人工智能技术可以根据行动目标灵活选择多种武器负载，最终获得网络空间主导优势。

随着生成式人工智能工具的出现及发展，生成式人工智能将逐步实现武器化，用于改进网络攻击流程，或降低某些类型的恶意行为门槛，特别是网络钓鱼活动、恶意软件和虚假信息生成等，将网络进攻作战提升到前所未有的水平。2024 年，美国伊利诺伊大学研究表明，OpenAI 公司的 GPT－4 大型语言模型可通过阅读安全公告，在沙盒环境中利用网络安全漏洞实施攻击。研究者选取 15 个已披露但尚未修补“1 day 漏洞”用于测试，发现 GPT－4 的漏洞利用成功率高达 87%。

3）人工智能刺激网络攻势战略

2021 年 11 月，美军网络空间司令部副司令查尔斯·摩尔宣称，近三年来该司令部已在 14 个国家和地区，执行至少 24 次“前置追捕”行动，这种融合防御与进攻能力的网络空间行动已经取得“显著成果”。摩尔扬言，该司令部已将中国列为网络空间领域的主要目标，密切跟踪监视中国“在国际网络空间的活动”。同时，该司令部正与美国印太司令部合作，发展针对中国的网络战手段，应对未来印太地区可能的冲突。

2022 年，美国参议院军事委员会通过总额为 8470 亿美元的《2023 财年国防授权法案》草案，提出“将人工智能快速运用于网络作战任务”，相关投资重点包括进一步加强进攻性网络能力开发和“前置追捕”行动。2022 年 4 月，美国公司 SealingTech 完成网络空间司令部“前置追捕”原型系统，该系统采用模块化设计，具有小型、便携、智能等特点，可根据任务要求进行自动化部署、配置和性能优化，从而更加有效地支持网络空间防御行动。2023 年 11 月 6 日，美国国防部发布关于“针对追捕网络基础设施数据的先进快速分析工具”项目招标公告。2023 年世界信息安全大会（RSA Conference 2023）期间，美军网络空间司令部网络国家任务部队指挥官哈特曼宣称，美军正针对对手国家执行“全频谱网络空间行动”，过去三年该任务部队应 20 个国家和地区邀请，前出执行 47 次“前出狩猎”任务。

2024 年 4 月，美军网络空间司令部根据《2023 财年国防授权法案》提出的“将人工智能快速运用于网络作战任务”要求，正式成立人工智能任务部队，目的是将人工智能技术运用从随机式转向体系化，同时借助该部队的经验推动整个国防部人工智能能力建设发展。美军网络空间司令部司令蒂莫西·霍称，人工智能任务部队正在网络国家任务部队内开展工作，主要目标包括：一是为网络任务部队的行动提供人工智能技术支持；二是将人工智能技术运用于恶意网络行为监测等工作中；三是集中应对人工智能相关威胁。美军网络空间司令部司令加紧推动人工智能任务部队建设进展，为网络攻势行动提供力量支撑。

由于网络空间具有的“灰色地带”属性，加之军事智能化提供了灵活的战争手段选项，网络战争的实用价值开始凸显，面对网络战争风险的克制原则有可能被摒弃。2024 年 6 月，战略与国际问题研究中心发布的《算法稳定性：人工智能如何塑造威慑的未来》（*Algorithmic Stability – How AI Could Shape the Future of Deterrence*）指出，在新的战争条件下，双方对能力和决心的平衡掌握的信息越少，就越难以鼓励克制。

2. 以共同的网络强依赖遏止个别国家网络攻击意图

智能时代的网络体系高复杂度和网络安全强依赖性，是大部分国家共同面临的新挑战。技术优势国家由于网络化、智能化更普遍，依赖程度更高，潜在的安全漏洞也更多，优势有可能隐含劣势，陷入越强大、越脆弱的困局。因此，任何国家都不该依靠智能化的先发优势寻求网络空间的霸权地位。

按照科学界的普遍标准，智能化的机器系统必须具备三类基本要素：第一是感觉要素，用于感受和认识外界环境，起到与外界交流的作用；第二是运动要素，用于对外界做出反应，完成操作者所下达的命令；第三是思考要素，用于利用从外界所获得的信息，制定最合适的解决方案，进而采用最合理的动作完成命令。人工智能的实现源于三类要素的有机协同。一旦各要素异地部署，要实现无缝的协同配合，就必须依赖高效的网络。作为智能化基础支撑的网络，把不同要素联结起来，融局部为整体，实现诸要素物理融合和效能聚合。智能化的系统平台越多，数据传输容量和时效要求越高，网络的支撑作用就越突出。因此，智能化时代的网络成为各类平台运行的基础支撑，在战争中更是如此。无人化是智能化战争的典型特征，大量的无人作战平台要实现无缝的多要素协同，特别是“人在回路”的人机协同，不得不基于高速的数据共享网络。在战场上，无人化的系统越多，数据传输容量和时效性要求就越高，网络的基础支撑作用也就越突出。美国、俄罗斯、以色列等国家军队注重智能化战争和无人化作战的理论研究与实践探索，不断推出“蜂群作战”“族群作战”等基于无人作战的分布式杀伤作战理论。其中，美军在不断加大无人作战装备所占比重的同时，持续升级“全球信息栅格”通信网，提高全球覆盖的大容量通信能力；大量使用无人作战装备但缺少全球指控网络的俄罗斯，致力于研发可快速搭建的战场通信网络，2019 年 8 月测试验证的无线网络能够在 1 小时内搭建，并在 2000 公里范围内高速传输加密信息。

人工智能运用于军事领域是柄双刃剑。与机械化、信息化作战系统相比，智能化作战系统优势明显，实现了人与装备在物理空间上的分离，不仅极大提高了作战效能，而且大大降低了己方人员伤亡。但是，智能化作战系统过于依赖信息网络，一旦网络被毁瘫或控制，优势可能迅速转化为劣势，陷入越强大、越脆弱的困局。以美军号称智能化水平最高的 F-35 战机为例，F-35 搭载了传统的 16 号战术数据链（Link-16）和最新的“多功能先进数据链”（Multifunctional Advanced Data Link，MADL），具备比目前所有飞机都强大的通信能力，虽然单架 F-35 的战技指标不具备压倒性优势，但多架 F-35 通过网络互联能够实现作战威力的几何级数增长。美国专家分析指出，F-35 的信息优势极有可能反转成最大劣势。一方面，F-35 执行任务时频繁密集的数据通联容易被网络进攻。另一方面，机上安装的自主后勤信息系统和武器信息系统负责实时跟踪每架飞机状态，向洛克希德公司回传后勤备件情况及潜在对手电子、武器数据，一旦相关数据库被篡改或植入病毒，将对飞机操控带来灾难性后果。

美军现有无人机7000多架，到2030年60%的地面作战平台将实现无人智能化。俄军拥有2000多架无人机，到2025年智能化无人作战装备将占武器装备的30%以上。当前人类社会已进入信息化战争向智能化战争的过渡阶段，也是智能化军事系统遭受网络攻击的高危时期。智能化作战力量与其他作战力量之间，基于网络构建起高效的指挥控制关系，形成整体性、体系化的联合作战能力。其直接后果是：通信链路长、接口多样，易受干扰失灵，甚至被对手接管；传统的网络漏洞和新的安全缺口并存，容易被对手攻击利用；人与装备之间、装备与装备之间的协调配合高度复杂化但尚未完全智能化，人为误操作导致网络被入侵的风险急剧上升。

第三节　智能化赋权的网络威胁纳入安全合作范畴

生成式人工智能的出现，标志着信息技术革命在经历了数字化、网络化阶段后，已成功迈入智能化的重大突破阶段。生成式人工智能相关产业快速发展，新业态、新应用持续涌现，为经济社会的发展注入强劲动能，产业端应用赋能千行百业智能化升级。生成式人工智能技术在各领域的应用成果百花齐放，其中：文艺创作、网络营销、软件工程等领域，将生成式人工智能作为日常工作主要工具之一；法律咨询、智慧诊疗、线上客服和智能机器人等领域，基于生成式人工智能技术的智能助手已经十分常见。生成式人工智能通过对传统产业生产制造全流程、全要素、各环节的赋能改造，能够实现提质增效和降本降耗。

互联网技术在带来新一轮的国家发展与繁荣的同时，也带来了网络犯罪、网络恐怖主义等规模性网络安全威胁。2023 年 11 月 8 日，谷歌公司发布《2024 年谷歌云网络安全预测》报告。报告指出，生成式人工智能和大型语言模型正得到越来越多的开发，将被用于各种网络攻击，如网络钓鱼、短信和其他社会工程学攻击，帮助攻击者以更少的代价实现更有效的攻击；另一个潜在的生成式人工智能威胁是虚假信息操控，攻击者可使用生成式人工智能模型来创建假新闻、假电话，以及深度伪造的照片和视频。这揭示了信息技术革命的一类特殊规律：信息技术革命不仅改变了生产方式，同时也引发了全球权力的转移，并产生了向下赋权的特殊效应，国家并非网络空间唯一的行为体，权力将从国家行为体向非国家行为体扩散。新技术带来的向下赋权伴随着权力结构的改变和规模性安全威胁，智能化变革将进一步强化这一过程。考虑到智能技术研发需要依托互联网获取数据和应用环境，网络空间已成为人工智能的“温室”，而智能化导致的规模性安全威胁也将率先投射到网络空间。

1. 互联网技术赋权效应伴生规模性网络安全威胁

网络安全已成为信息时代国家安全的战略基石。政治、经济、社会、军事和科技等各个领域的安全问题都与网络安全紧密关联。政治领域的“颜色革命”暗流涌动，经济领域的网络犯罪频繁发生，社会领域的网络攻击日益猖獗，军事领域的作战方式加速转型，以及科技领域的网络窃密，都是网络空间对传统领域安全问题的催化与变异。其中，“政治领域的‘颜色革命’”和“经济领域的网络犯罪”分别代表了两种典型的网络安全威胁，即认知式和行为式这两种网络安全威胁。与网络空间的军事威胁不同，认知式和行为式这两种网络安全威胁的形成与扩散，高度依赖于非国家行为体的参与，再次体现了互联网的向下赋权效应。同时，非国家行为体的大量参与，决定了这两类威胁在数量上远超网络空间军事威胁，且具有一旦出现就难以管控的规模性特征。

1）互联网政治属性与认知式网络安全威胁

认知式网络安全威胁源自互联网特别是社交平台的政治属性、社会属性，是网络空间对意识形态领域安全问题的催化与变异。例如，少数国家利用互联网实施政治渗透、煽动社会动乱、颠覆他国政权；恐怖主义、分裂主义和极端主义等势力通过互联网策划煽动、组织实施暴力恐怖活动。这类网络安全威胁利用各类公开的社交平台发挥作用，其技术门槛低，威胁程度与煽动民众数量强相关。认知式网络安全威胁的破坏性影响主要表现为将网络空间的负面情绪升级为现实空间的群体性事件。约瑟夫·奈认为，网络空间中的权力可以分为强制性权力、议程设置权力和塑造偏好权力。在前互联网时代，议程设置的权力由政府和新闻界共同承担，它们决定公众关注的重点议题，并提供相应的语境来影响公众的价值判断。然而，随着社交媒体的出现，这种权力结构开始发生变化，议程设置主体逐渐由精英主义的传统主流媒体转变为新媒体平台。例如，Facebook、Twitter 等社交平台最初并非为组织社会活动而建立，但他们通过网络联结真实世界，从线上到线下影响了每个在线用户的生活。2011 年 8 月 4 日，伦敦警方枪杀了一名黑人青年，引发大规模暴乱，社交媒体在暴乱扩散中扮演了重要的角色。英国首相卡梅伦呼吁："当有人把社交媒体用于暴力的时候，我们需要阻止他们。"2021 年 1 月 6 日，特朗普的支持者在华盛顿举行集会抗议，并"攻占"了美国国会大厦。值得注意的是，在事件发生之前，参与者已经在社交媒体和支持特朗普的网站上策划了数周时间。当前，社交媒体上充斥着民粹主义、假新闻和"另类事实"，使得认知式网络安全威胁成为一种"可操纵性"极强的规模性威胁。例如，美国在其他国家制造“颜色革命”时，就是利用社交媒体作为情绪发酵场的重要场所，进而以此为基础煽动暴力游行。

2）互联网经济属性与行为式网络安全威胁

行为式网络安全威胁源自互联网的经济属性和生产属性，是网络空间对经济安全问题的催化与变异。例如，网络违法犯罪对公共利益造成了重大危害，计算机病毒、木马等恶意程序在网络空间传播蔓延，网络欺诈、黑客攻击、侵犯知识产权、滥用个人信息等不法行为大量存在。行为式网络安全威胁通常以经济利益为驱动，通过隐秘的黑客工具发挥作用，其技术门槛更高。虽然从业人数众多，但较少依靠人海战术，威胁程度与实施者的技术水平强相关。网络犯罪的滋生和蔓延离不开“暗网”。广义的“暗网”包括深网交易网络、僵尸网络、不受政府承认的加密货币网络，以及采用特殊加密协议的社交网络、点对点通信工具、游戏平台等。当前，“暗网”已成为网络犯罪分子分享、购买或出售窃取数据与黑客工具的平台，使得勒索软件攻击这种网络逐利行为呈现出大面积爆发态势。美国国土安全部发布警告称，2020 年针对小型企业的勒索软件攻击增加了 300%。2023 年，在全球范围内近 1/10 的机构遭遇勒索软件攻击探测，比 2022 年激增 33%，因此 2023 年甚至被称为大规模勒索软件攻击元年。

3）技术应用门槛限制网络威胁的形成与扩散

技术性是网络空间的基本属性，关键技术的应用门槛直接决定了网络安全威胁实施受影响的程度及范围。因此，无论是认知式网络安全威胁还是行为式网络安全威胁，其实施主体即使基于某类成熟技术实现目标，也在不断追逐新的手段和工具。以“暗网”为例，“洋葱路由”（Tor）是“暗网”常用的一种加密网络协议，具有难以溯源的特性。行为式网络安全威胁主体经常使用 Tor 软件对身份进行混淆或匿名，或通过 Tor 通信中继掩盖其指控服务器身份，从而秘密开展侦察、渗透、窃取和操纵等恶意活动。随着网络出入口管制、流量监控等针对性应对策略出台，行为式网络安全威胁主体开始寻找新的隐匿手段。近年来，加密聊天软件 Telegram 逐步替代“暗网”，成为众多网络犯罪分子购买或出售黑客工具、窃取数据的平台。Telegram 采用的技术能让用户有效避开政府监控。同时，认知式网络安全威胁主体也在不断寻找效率更高、受监管影响更小的社交平台，但受自身技术水平所限，通常不具备实施破坏性网络攻击的能力，不得不转移到现实空间实施暴力破坏行为。

2. 智能赋权催生“认知 + 行为”组合式网络安全威胁

长期以来，认知式与行为式网络安全威胁一直并存但相对独立。网络空间中“情绪→行为”的转换通常只涉及少数黑客行为主义者(Hacktivist)，他们通常是技术顶尖的极少数，入侵计算机系统不是为了获取经济利益，而是为了引起政府或社会的注意，以表达某种政治立场。然而，在俄乌冲突中，“认知 + 行为”的组合式网络安全威胁开始广泛出现。随着冲突的爆发，乌克兰在 Telegram 上开设了官方账号，渲染西方对俄罗斯不满情绪，并鼓动亲乌克兰黑客组织对俄罗斯实施网络攻击。为了让普通民众也能参与到网络攻击中，乌克兰利用 Telegram 开展技能培训，提供多种 DDoS 攻击工具及配套教程文档。乌克兰还推出了一款可对俄罗斯境内目标实施“一键式”攻击的程序，使得非技术人员也能参与到网络攻击中去。尽管乌克兰成功鼓动了数十万人参与其中，但提供的工具技术水平较低，这种“众筹式”网络攻击并未对俄罗斯造成重大损害，其入侵能力明显低于专业黑客组织。生成式人工智能的快速发展给各个领域带来前所未有的重大变革，并对社会和民众产生了赋权效应。一方面，智能赋权后的民众可以突破自身能力边界，依靠生成式人工智能完成超越个体知识范围的任务；另一方面，生成式人工智能降低了网络恶意行为的成本，专业技术将不再成为网络攻击的“行业壁垒”。图 11 - 2 显示了生成式人工智能如何通过“认知操控+行为支持”的复合作用，催生“认知+行为”的组合式网络安全威胁。

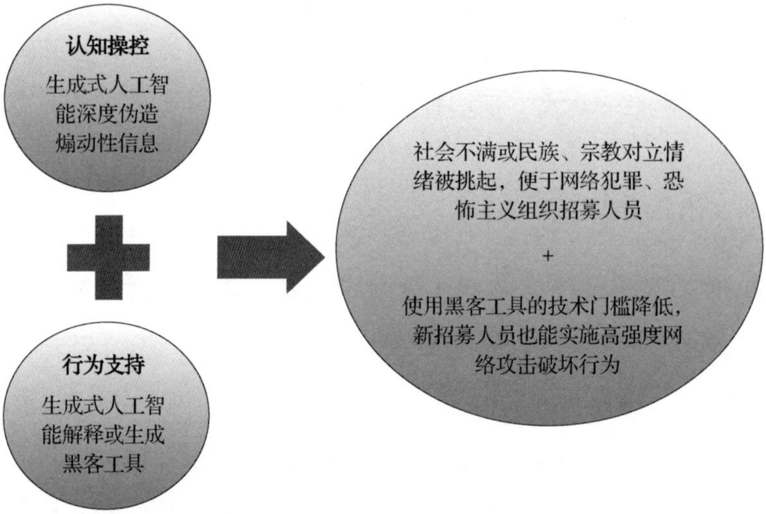

图 11-2 “认知+行为”组合式网络安全威胁形成机理

2023 年，随着 ChatGPT 的兴起，迅速衍生出了 FraudGPT 和 WormGPT 等“邪恶孪生”，出现了“人工智能生成恶意软件”和“人工智能生成网络钓鱼诱饵”的新型攻击方式。这类趋势一旦延续，“认知+行为”的组合式网络安全威胁数量可能会大幅激增，从而急剧增加智能时代的网络安全风险。未来安全威胁升级主要体现在以下方面。

1）宣泄情绪、宣示立场不再局限于发布言论，破坏性网络行为成为可选择的极端方式

实施高强度网络攻击破坏行为通常需要跨越较高的技术门槛，这意味着普通民众与专业黑客之间存在一道难以逾越的技术鸿沟。因此，那些受特定情绪驱动的网络威胁主体往往是在网络空间发布言论，随后不得不转移到现实世界完成暴力行为的升级。然而，一旦实施网络攻击的技术门槛降低，各类负面情绪便能直接在网络空间转化

为暴力行为。对程序语言的理解和应用是构成黑客能力的基础，而生成式人工智能在这方面可提供强力辅助。例如，ChatGPT 可以解释程序代码并生成自然语言注释，包括变量描述、函数解释和算法思路展示等。此外，ChatGPT 还能直接生成程序代码，包括输出语句、赋值语句和循环语句等。对于新手或初学者而言，ChatGPT 的辅助功能可以帮助他们更深入地理解程序代码，并更快地掌握黑客技术。由此，对于认知式网络威胁主体而言，使用黑客工具不再是遥不可及的事情。随着网络舆论场中负面情绪的持续发酵，为了引发更多关注或宣示激进立场，网络威胁主体能够选择转移到现实空间实施暴力行为，或者直接在网络空间进行破坏性行为升级。

2）网络犯罪组织的规模不再受限于高技术人力资源，“劳动力密集”成为新的组织样式

网络犯罪需要掌握熟练的计算机应用技术，属于典型的“技术密集型”。然而，从信息技术的发展规律来看，“人机交互”的技术门槛降低是必然趋势。在早期，计算机的用户通常需要具备设计和组装计算机的能力，但时至今日，即使对电子信息知识一无所知，也毫不影响对计算机的操作使用。生成式人工智能将革新人力因素在网络犯罪领域的影响比重，帮助缺乏经验的黑客和低技能的劳务雇佣人员缩短技术上手时间，快速实施更加有效、更有针对性的网络攻击。即使是不懂计算机或互联网知识的普通大众，也可以借助 FraudGPT、WormGPT 等工具生成恶意代码。随着越来越多的“非专业人士”从网络犯罪中获益，这将极大地刺激网络犯罪的产业化扩张。在新冠疫情重创多国经济、失业人口激增的大背景下，网络犯罪组织利用社交媒体或其他网络平台进行广泛的宣传、招募和融资活动。在社会动荡、教派冲突、民族对立等群体负面情绪高发时期，网络犯罪将进一步获得大量扩充从业人员的机会。被智能技术赋权的网络犯罪组织将呈现出更加明确的分工，其运作方式甚至类似于企业：由“负责人”

负责协调工作；“编码者”负责编写与升级恶意软件代码；“入侵者”负责渗透进入目标公司；“数据挖掘者”负责分析处理窃取的数据；“法律专家”负责解决法律问题；“呼叫中心”则负责通过电话或互联网承接订单，提供定制化技术支持、渠道分销以及客户服务。

3）极端民族主义、恐怖主义获得新技术加持，网络意识形态威胁与网络攻击行为结成新的绑定关系

世界多个国家将网络恐怖主义列为网络安全重大威胁，对其重视程度甚至高于网络犯罪。长期以来，极端民族主义、恐怖主义组织利用互联网建立网站，传播极端思想，传授爆炸物制作、枪械射击等暴力恐怖技能，对多国社会稳定构成了严重威胁。网络意识形态威胁天生具有诉诸暴力的倾向，不能排除其向网络攻击和破坏升级的可能性。虽然极端民族主义、恐怖主义组织成功实施的高强度网络攻击数量仍然相对有限，但这类组织已经意识到网络的影响力，并开始“灵活运用”网络作为新的威胁手段。例如，2022 年 3 月 6 日，俄罗斯沃罗涅日地区发布预警，起因是不明身份人员利用网络向该地区的三个购物中心和一个电影院发送恐怖袭击信息，该事件最终被定性为虚假信息攻击。极端民族主义、恐怖主义具有暴力升级的内生倾向，由于相关组织受限于专业化人力资源严重不足，尚无法通过网络空间实施大规模、高强度的攻击和破坏，只能以虚实结合的方式破坏社会稳定。随着生成式人工智能持续向下赋权，极端民族主义、恐怖主义组织将从中获益，网络恐怖袭击成为低成本的暴力升级方式。以生成式人工智能为桥梁，网络意识形态威胁与网络攻击行为形成新的绑定关系，其危险性和颠覆性进一步升级，对社会稳定和国家安全带来严峻挑战。

3. 大国竞争加剧组合式网络安全威胁

习近平主席在第二届世界互联网大会开幕式上的讲话中指出：

“维护网络安全不应有双重标准，不能一个国家安全而其他国家不安全，一部分国家安全而另一部分国家不安全，更不能以牺牲别国安全谋求自身所谓绝对安全。”2024 年年初，英国国家网络安全中心发布警告，指出人工智能工具正助长勒索软件威胁的升级，并预测这种现象将在未来两年内进一步恶化，从而增加网络攻击的数量和严重程度。面对这种情况，各国需要摒弃单边安全和绝对安全的传统立场，通过广泛的国际合作来共同应对这一挑战。然而，美国及美盟国家挑起的大国竞争正在不断破坏网络空间共同安全。随着人工智能继续推动国际权力结构的调整，大国竞争有可能会进一步加剧，并加速组合式网络安全威胁的升级。

1）美国及美盟国家持续加强网络心理战、舆论战攻势

美国寻求在网络空间实现两种自由：一是“网络信息自由”，二是“行动自由”。其中，“网络信息自由”主要是利用互联网进行意识形态渗透，挑起“颜色革命”，并干涉他国内政，从而威胁到这些国家的政权安全和社会稳定。近年来，美国不断加强心理战和舆论战方面的攻势，意图在别国内部制造混乱。由于网络具有跨时空跨国界、信息快速传播、多向互动等特性，对现实社会问题和矛盾产生了极大的催化和放大效应，极易使一些局部问题全局化。在美国及美盟国家的有组织煽动下，民族对立、宗教对立、社会不满等负面情绪在网络空间持续发酵和放大，导致群体性事件几乎一触即发，这对多国国家安全与稳定构成了极大的威胁。

2）数字军备竞赛存在严重的武器扩散风险

与传统的、有形的军备不同，数字军备通常是能够轻易存储、复制和删除的代码，其使用相对隐秘，极易发生意料之外的扩散。2022 年 5 月 23 日，国际刑警组织秘书长尤尔根·斯托克在达沃斯世界经济论坛年会上发出警告，由国家开发的网络武器可能会泄露到“暗网”上，犯罪团伙将利用这些武器来升级网络犯罪活动。人工智能技

术的持续发展将不可逆转地推动数字军备的智能化升级，大幅降低使用门槛，从而进一步增加武器扩散的风险。一旦网络武器落入非国家行为体，大量“认知+行为”组合式网络安全新威胁将迅速涌现，其“行为”部分将具有更高的破坏能力，对网络安全构成严重威胁。

3）应对组合式网络安全新威胁需坚持共同安全观

网络空间作为一个开放的全球系统，不受传统国家地理边界的限制。在分析研判生成式人工智能对网络安全的影响时，需要认清人工智能延续了信息技术革命对社会及民众的赋权效应，在此基础上，预测由此产生的新网络安全威胁。应对“认知+行为”组合式威胁需要在共同安全框架下进行统筹，兼顾国家安全和民生利益。我国提出的网络空间命运共同体理念，为实现共同安全提供了实践指导。2023 年 10 月 18 日，我国发布《全球人工智能治理倡议》，围绕人工智能的发展、安全和治理三个方面，系统地阐述了人工智能治理的中国方案。该倡议借鉴中国传统智慧，提出人工智能发展必须以增进人类共同福祉为目标，以保障社会安全、尊重人类权益为前提，确保人工智能始终朝着有利于人类文明进步的方向发展。全球智能化变革正迎来一个机遇与风险同步涌现的关键时期。ChatGPT 展现了人工智能颠覆性影响的冰山一角，其中既蕴含了生产方式变革的巨大潜力，也隐藏着难以预料的安全风险。智能化将进一步扩大数字化、网络化的红利，但各国在享受这些红利的同时，也不得不面临新型安全威胁的挑战。只有确保多数国家而非少数国家、多数人而非少数人能够从智能化中受益，避免人工智能进一步扩大民族、国家或社会对立，才能有效发挥网络化、智能化的正向赋能作用，统筹好安全与发展的双重需求。

参考文献

[1] 约瑟夫·奈. 理解国际冲突——理论与历史 [M]. 上海：上海人民出版社，2002.

[2] 郎平. 网络空间国际治理与博弈 [M]. 北京：中国社会科学出版社，2022.

[3] 李艳. 网络空间治理机制探索：分析框架与参与路径 [M]. 北京：时事出版社，2018.

[4] 许蔓舒. 促进中美网络空间稳定的思考 [J]. 信息安全与通信保密，2018 (6)：5 - 8.

[5] 乔治·伯科维奇，王衍. 网络安全与核安全之间的差异大于相似 [J]. 信息安全与通信保密，2018 (3)：91 - 96.

[6] 吕晶华. 国际网络军控问题研究 [J]. 中国军事学术，2014 (5)：148 - 155.

[7] 王丹娜. 俄罗斯立法“断网”测试的战略思考 [J]. 中国信息安全，2019 (3)：12 - 15.

[8] 张孙旭，刘杨，杨志凯. 俄罗斯网络空间军民融合的主要经验及启示 [J]. 情报学刊，2018 (4)：68 - 77.

[9] 罗伯特·基欧汉，约瑟夫·奈. 权力与相互依赖（第四版）[M]. 北京：北京大学出版社，2012.

[10] 郎平. 互联网如何改变国际关系 [J]. 国际政治科学，2021 (2)：90 - 121.

[11] 徐培喜. 2020 数字冷战元年：网络空间全球治理的两种路线之争 [J]. 信息安全与通信保密，2021 (3)：16 - 23.

[12] 鲁传颖. 网络空间治理与多利益攸关方理论 [M]. 北京：时事出版社，2016.

[13] David J Betz, Tim Stevens. Analogical Reasoning and Cyber Security [J]. Security Dialogue, 2012, 44 (2): 147 - 164.

[14] 巴里·布赞，奥利·维夫，迪·怀尔德. 新安全论 [M]. 朱宁，译. 杭州：浙江人民出版社，2003.

[15] 叶晓红. 哥本哈根学派安全化理论述评 [J]. 社会主义研究，2015 (6)：170.

[16] Kenneth Lieberthal, Peter W Singer. Cybersecurity and U. S. - China Relations [J]. Brookings, 2012 (2): vi.

[17] John Urry. The Complexity Turn [J]. Theory, Culture & Society, 2005, 22 (5): 1 - 14.

[18] 罗伯特·杰维斯. 系统效应：政治与社会生活中的复杂性 [M]. 李少军，等译. 上

海：上海人民出版社，2008.
[19] 德内拉·梅多斯. 系统之美——决策者的系统思考 [M]. 郑邵良，译. 杭州：浙江人民出版社，2012.
[20] 彼得·卡赞斯坦. 地区构成的世界——美国帝权中的亚洲和欧洲 [M]. 秦亚青，魏玲，译. 北京：北京大学出版社，2007.
[21] 约翰·霍兰. 隐秩序：适应性造就复杂性 [M]. 周晓牧，等译. 上海：科技教育出版社，2000.
[22] 黄大慧，朱榆雯. 构建人类安全共同体：理论逻辑与实践路径 [J]. 国家安全论坛，2024 (1)：59－74.
[23] 赫尔曼·哈肯. 协同学——大自然构成的奥秘 [M]. 凌复华，译. 上海：上海译文出版社，2005.
[24] 宋华琳. 论政府规制中的合作治理 [J]. 政治与法律，2016 (8)：16.
[25] 吴烨. 金融科技监管范式：一个合作主义新视角 [J]. 社会科学，2019 (11)：111.
[26] 桂畅旎，杨婧靖，李维杰. 美国《漏洞公平裁决政策和程序》及对我国启示 [J]. 信息安全与通信保密，2018 (1)：43－51.
[27] 李彬. 军备控制理论与分析 [M]. 北京：国防工业出版社，2006.
[28] 朱莉欣. 和平共处五项原则下的漏洞治理国际合作 [J]. 信息安全与通信保密，2019 (1)：20－22.
[29] 阿里·莱维特，王衍. 如何将核领域的经验应用到网络安全领域 [J]. 信息安全与通信保密，2018 (2)：83－88.
[30] 霍布斯. 利维坦 [M]. 长沙：湖南文艺出版社，2011.
[31] 高岩. 美军网络力量解析 [M]. 北京：国防工业出版社，2017.
[32] 蔡军，王宇，等. 美国网络空间作战能力建设研究 [M]. 北京：国防工业出版社，2018.
[33] 张召忠. 网络战争 [M]. 北京：解放军文艺出版社，2001.
[34] 马林立. 外军网电空间战 [M]. 北京：国防工业出版社，2012.
[35] 姚红星，温柏华. 美军网络战研究——从系统工程学角度探讨美军网络战 [M]. 北京：国防大学出版社，2010.
[36] 王正德. 决胜网络空间：网络军事技术及其运用 [M]. 北京：军事科学出版社，2003.
[37] 闫慧，等. 军用网络电磁信息安全技术 [M]. 北京：国防工业出版社，2010.

[38] 李健，温柏华．美军网络力量［M］．沈阳：辽宁大学出版社，2013.

[39] 保罗·沙克瑞恩，等．网络战［M］．吴奕俊，等译．北京：金城出版社，2017.

[40] 张云义．世界战争新形态［M］．北京：解放军出版社，1990.

[41] 刘海峰，闫伟锋，丁霞．美海军网络空间司令部未来五年战略规划解析［J］．海军学术研究，2015（7）：58－60.

[42] 马克·威尔什三世．未来的召唤：美国空军新战略框架［J］．庞旭，译．外国空军军事学术，2015（3）：3－5.

[43] 王灿．美国海岸警卫队发布未来10年网络战战略［J］．防务视点，2015（8）：1.

[44] 中国国际战略学会军控与裁军研究中心．美国网络空间安全战略文件汇编［M］．北京：军事谊文出版社，2009.

[45] 王舒毅．网络安全国家战略研究［M］．北京：金城出版社，2015.

[46] 知远战略与防务研究所．外军网络空间作战简报2014.1［Z］. http://www.knowfar.org.cn/publication/201405/20/185.htm.

[47] 林小春．美133支网络空间部队全部具备初步作战能力［EB/OL］. http://www.81.cn/gjzx/2016－10/25/content 7323374.htm.

[48] 张俊．英国将“新兴技术威胁”纳入核打击清单［EB/OL］.(2021－03－26)[2021－06－01]. https://t.m.youth.cn/transfer/index/url/qnck.youth.cn/qqsy/202103/t20210326_12804571.htm.

[49] Michael Riley. NSA Said to Exploit Heartbleed Bug for Intelligence for Years [EB/OL]. (2014－04－12)[2021－06－01]. http://www.thanhniennews.com/education－youth/nsa－said－to－exploit－heartbleed－bug－for－intelligence－for－years－25258.html.

[50] Air force Doctrine Document 2－X, Cyberspace Operations (draft) [Z]. Washington, DC: headquarters, U.S. Air Force. January 29, 2008.

[51] Alavo A Cardenas, et al. Challenges for Securing Cyber Physical Systems. Workshop on Future Directions in Cyber physical Systems [R]. U.S. Department of Homeland Security, 2009.

[52] American Bar Association Standing Committee on Law and National Security and the National Strategy Forum. National Security Threats in Cyberspace [R]. September, 2009.

[53] Alex Michael. Cyber Probing: The Politici－zation of Virtual Attack [M]. Shrivenham: UK DefenceAcademy, 2010.

[54] Richard Mesic, et al. Air Force Cyber Command (provisional) Decision Support [M]. Santa Monica: RAND Corporation, 2010.

[55] Annual US Cyber Flag exercise provides realistic training [EB/OL]. http://www. cyber - defense - magazine. com/annual - us - cyber - flag - exercise - provides - realistic - training/.

[56] U. S. Cyber Command. Cyber Flag Exercise Tests Mission [EB/OL]. http://www. defense. gov/News/Article /Article/603637/.

[57] U. S. Cyber Command. Cyber Flag Exercise Highlights Teamwork, Training [EB/OL]. http:// www. archive. defense. gov/newsarticle. aspx? id = 121179.

[58] Ray MacCulloch . Exercise Cyber Shield 2017 getsunderway [EB/OL]. http://www. army. mil/article/186702.

[59] U. S. Cyber Command. Allies, Partners Observe Cyber Guard Exercise [EB/OL]. http:// www. defense. gov /Aticle/Aticle/1238082/allies - partners - observe - cyber - guard - exercise/.

[60] Rivers Johnson. Cyber Guard exercise focuses on defensive cyberspace operations [EB/OL]. http://www. army. mil/article/85786/Cyber - Guard - exercise - focuses - on - defensive - cyberspace - operations.

[61] Matthew Ard Wisconisn. Natinal Guard Part of CyberShieldExercise [EB/OL]. http:// dma. wi. gov/DMA/news /2017news/17053.

[62] U. S. Cyber Command. Allies, Partners Observe Cyber Guard Exercises [EB/OL]. http:// www. defense. gov/News /Aticle/Aticle/1237898/teams - defend - against - simulaed - attack - in - cyber - guard - exercise/.

[63] U. S. Cyber Command cyber Guard Exercise Test People, Partnerships [EB/OL]. http:// www. defense. gov/News /Article/Article/602897/cyber - command - cyber - guard - exercise - test - people - partnerships.

[64] U. S. Department of Defense. Military, Federal, Prrivate Parners Key to Cyber Guard 15 [EB/OL]. http://www. defense. gov/News/Aticle/Aticle/604943/.

[65] U. S. Cyber Command Public Affairs. Cyber Guard 15 Fact Sheet [EB/OL]. http://www. defense. gov/Potals/1 /features/2015/0415 _ cyber - strategy/cyber - guard - 15 - fact - sheet.